CHARLES EMMANUEL

NOTICES ASTRONOMIQUES

PREMIÈRE NOTICE

LA LUNE

À

L'EXPOSITION UNIVERSELLE DE 1855

PARIS

CHEZ L'AUTEUR, 47, RUE DUGUAY-TROUIN

ET CHEZ TOUS LES LIBRAIRES

1855

V

LA LUNE

A

L'EXPOSITION UNIVERSELLE DE 1855

V

PARIS. — IMPRIMERIE DE Mme Ve DONDEY-DUPRÉ,
Rue Saint-Louis, 46, au Marais.

CHARLES EMMANUEL

NOTICES ASTRONOMIQUES

PREMIÈRE NOTICE

LA LUNE

A

L'EXPOSITION UNIVERSELLE DE 1855

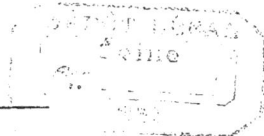

PARIS

CHEZ L'AUTEUR, 17, RUE DUGUAY-TROUIN

ET CHEZ TOUS LES LIBRAIRES

L'Auteur se réserve tous droits de traduction et de reproduction.

1855

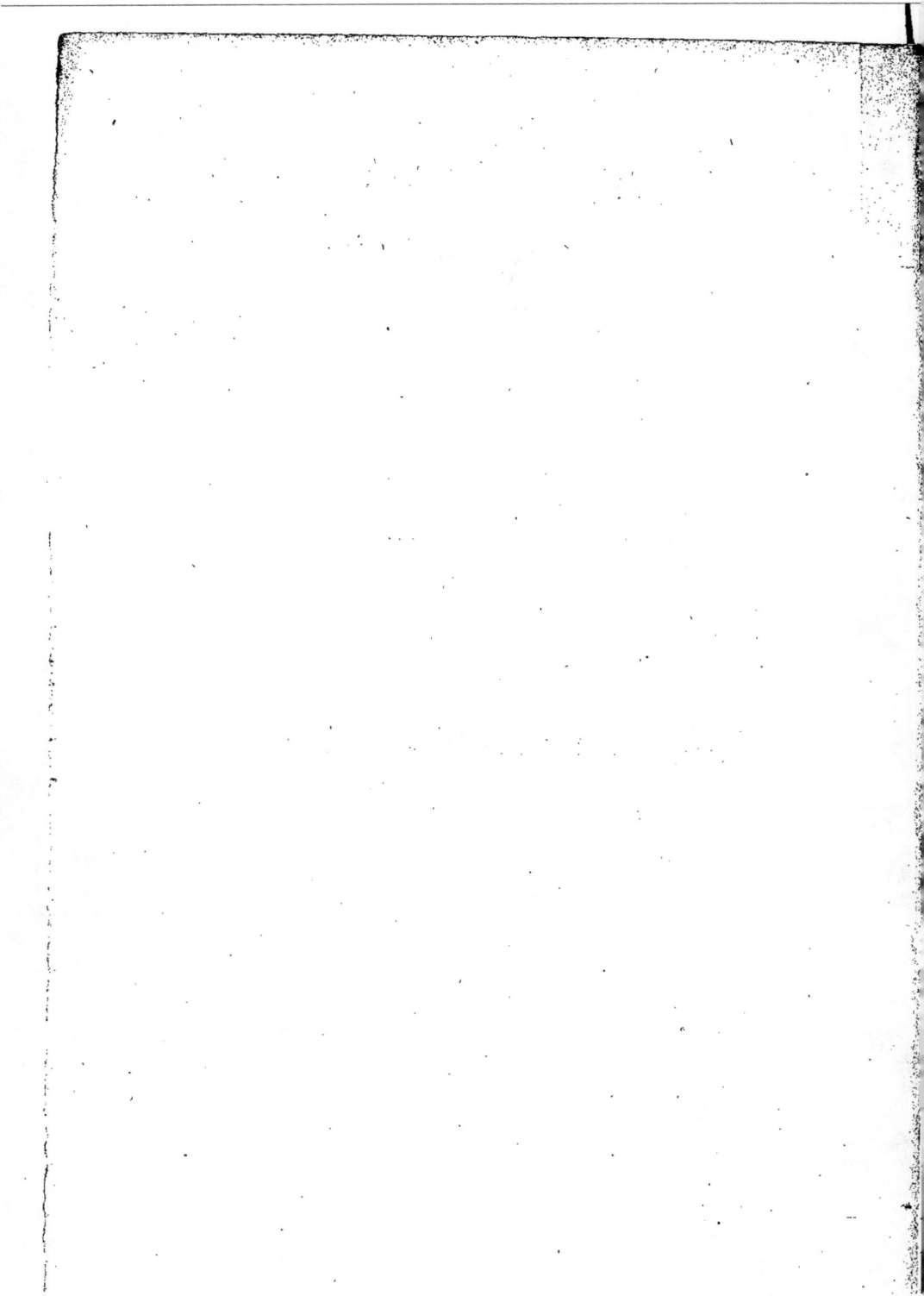

PRÉFACE.

Beaucoup de géomètres,
Et peu d'astronomes.

+++

Après deux années de silence, je reprends la plume et je rentre dans la lutte, bien décidé à n'en plus sortir que vainqueur ou vaincu.

Ma retraite momentanée ayant été mal interprétée par quelques personnes qui ont cru y voir un signe de découragement, je leur dois un mot de réponse. Non, je ne me suis pas laissé abattre par l'*opposition systématique* des savants, opposition sans grande importance d'ailleurs, du moins jusqu'à ce jour, puisque ces messieurs n'ont encore répondu à mes travaux que par des fins de non-recevoir. Seulement, à défaut de contradicteurs sérieux, j'ai pensé que ce que j'avais de mieux à faire, c'était de m'ériger moi-même en juge sévère, plus que cela encore, en adversaire consciencieux des idées qui m'avaient d'abord paru si vraies et qui peut-être n'étaient que

1

séduisantes. Faire comparaître ses propres idées devant soi, comme des coupables, et s'élever au-dessus du sentiment de la paternité pour les juger avec la dernière rigueur, c'est une tâche fort délicate, il faut en convenir, et qui demande beaucoup de recueillement. Mais cette tâche, je me la suis imposée de bonne foi, et j'ai fait tout mon possible dans le but de la remplir.

D'un autre côté, je voulais me rendre plus digne de la faveur avec laquelle le public a daigné accueillir mes premiers essais, et je tenais doublement à savoir si, malgré son impartialité et son bon sens ordinaires, le public ne s'était pas laissé prendre lui-même à une illusion plutôt qu'à une réalité.

Enfin, un triste événement était venu tout à coup m'imposer une grande réserve et de bien pénibles d voirs. François Arago, à qui mes idées avaient eu le malheur de déplaire, mais qui pour cela n'en était pas moins un homme supérieur, avait cessé de vivre. Sa mort m'enlevait pour toujours mon espoir le plus cher, celui d'arriver à convaincre cette grande et belle intelligence que le dernier mot n'avait pas été dit dans la science astronomique, et que, plus savamment développées, les théories nouvelles qu'il avait d'abord repoussées finiraient par conquérir son approbation.

Tels sont les sentiments qui ont fait tomber la plume de mes mains, au moment même où l'ivresse d'un commencement de succès avait le plus vivement excité mon ardeur. Deux années de travaux pénibles et silencieux ne m'ont pas paru de trop pour expier le malheur imprévu des circonstances.

Mes nouvelles études, du reste, ne devaient pas être entièrement perdues : faites avec sincérité, elles allaient nécessairement ou ébranler ma conviction ou m'apporter de nouvelles armes, et me permettre d'élever la voix plus haut dans la défense de la vérité. Ce sont en grande partie ces études qui, sous le titre général de *Notices astronomiques*, seront successivement soumises à l'appréciation du lecteur, dans une série de brochures séparées. Il ne m'appartient pas de prononcer un jugement; mais, si je ne m'abuse d'une manière étrange, le public et les astronomes eux-mêmes y verront la preuve que je ne m'étais pas trop légèrement avancé dès le début.

Plus que jamais, et malgré toutes les considérations personnelles, je soutiens que la durée de la rotation de la terre est de 24 heures, et non pas de 23 heures 56 minutes. Ce qui veut dire que, dans l'intervalle d'une année, le globe terrestre tourne 365 fois seulement sur son axe et non pas 366 fois, comme les astronomes se le persuadent sur la foi trompeuse des apparences.

Plus que jamais, j'affirme que le mouvement annuel de la terre et de toutes les autres planètes s'accomplit d'*orient* en *occident*, et non pas d'*occident* en *orient*. Ce qui signifie que, loin de suivre la même direction que la marche apparente du soleil, le long des signes du zodiaque, la terre se transporte dans un sens diamétralement opposé à la direction de cette marche apparente du soleil. Et je continuerai à le croire, tant que l'Académie, par un prodige, ne me fera pas voir de mes yeux un bâton *tournant sur un pivot*, et dont les *deux bouts* se meuvent *dans le même sens*.

Plus que jamais, enfin, j'affirme que le soleil est le *moteur physique* aussi bien que le *centre* du système planétaire. Vérité de premier ordre que les astronomes contemporains sont libres de ne pas voir, mais qui n'en est pas moins certaine pour cela. Loi fondamentale, aussi évidente que la rotation du soleil, et à laquelle j'ai le bonheur de croire en bonne compagnie, car elle a été admise par Képler lui-même, le plus grand de tous les astronomes.

Il y a plus, sans l'avoir démontrée aussi mathématiquement que les trois autres lois qui ont rendu son nom immortel, Képler parle de la *force motrice* du soleil dans des termes beaucoup plus précis que ne le feraient croire l'aveu et les citations des savants. Dans la *Nouvelle physique céleste* se trouve en toutes lettres la phrase suivante, qui n'a pas été comprise ou que l'on a évité de reproduire : « J'ai défini un état » du système planétaire tel, que le soleil, quoique » restant en place, tourne cependant sur son axe, *et* » *qu'il transporte en même temps les planètes autour*

» *de lui*, par une force d'*entraînement* plus ou moins
» intense (1). » Quand elles ne m'auraient pas fait
découvrir autre chose que ce passage admirable, si
peu connu ou si peu cité, mes nouvelles études seraient loin de me paraître entièrement perdues.

Maintenant, pourquoi les savants font-ils si bon
marché de l'opinion d'un homme tel que Képler,
que Newton plaçait au-dessus de tous les autres, et
qui a reçu le nom de *législateur de l'astronomie?*
Parce que, dans sa théorie, Newton a eu besoin d'admettre l'hypothèse d'une *impulsion primitive en ligne
directe,* hypothèse peu conciliable en effet avec le
sentiment de Képler; et, on le sait, nos savants n'ac-
ceptent du plus grand astronome de l'Allemagne que
ce que le plus grand géomètre de l'Angleterre en
acceptait lui-même. Certes, l'autorité d'un géomètre
comme Newton est d'un poids immense ; mais, si émi-
nent que soit un géomètre, cela ne dispense pas les
autres hommes de faire usage de leur intelligence,
et de voir si, par hasard, un aussi grand génie n'aurait pas laissé passer quelques erreurs. Autrement,
où irions-nous, grand Dieu! et comment l'esprit
humain obéirait-il à la plus belle de toutes les
lois qui le régissent, la loi du progrès, si, pour

(1) Modum etiam definivi argumentis talem, ut sol, manens quidem
suo loco, rotetur tamen seu in torno... transferatque unâ secum in
gyrum corpora planetarum intenso vel remisso raptu (*Nova physica
cœlestis,* introductio, p. 19).

étouffer toutes les tentatives d'amélioration, il suffi-
sait de répondre : *Nous refusons d'examiner, parce
que c'est contraire à la parole du maître !* Mais le
maître lui même avait une autre manière de voir, car
avant de devenir chef d'école, il a remis en question
ce que d'autres maîtres, ses prédécesseurs, avaient ou
croyaient avoir résolu avant lui, et ce que d'autres
disciples, leurs perroquets, déclaraient infaillible et
au-dessus de tout examen. Dans la science, il n'y a
d'admissible que ce qui est démontré, et la chose admise ne perd jamais rien à être démontrée de nouveau,
surtout lorsqu'il survient des objections sérieuses.

Cela est si vrai que, malgré tous les mauvais vou-
loirs, malgré toutes les petites intrigues, il faut toujours en venir tôt ou tard à la discussion, et finir ainsi
par où l'on aurait dû commencer. Dans sa logique
inflexible, le cours naturel des choses ne manque
jamais d'amener ce dernier résultat, qui ne saurait
être désagréable qu'aux esprits routiniers ou pares-
seux. Déjà vingt fois, dans l'histoire de l'humanité,
les vieilles écoles ont cru se sauver avec le secours
du même talisman, *Magister dixit*, et déjà vingt fois
les vieilles écoles ont vu que ce talisman avait
perdu toute vertu merveilleuse. A la parole de tel
maître, il est rare qu'on ne puisse opposer la parole
de tel autre maître, et cette contradiction est plus
que suffisante pour faire rentrer l'esprit humain en
possession de sa liberté.

Dans la question qui nous occupe, il y a ceci de remarquable, que si l'hypothèse de la *force motrice* du soleil avait réellement contre elle l'autorité de Newton, en revanche, cette même hypothèse aurait en sa faveur l'autorité de Képler. Contradiction d'autant plus embarrassante pour l'école actuelle que, cette fois, les deux contradicteurs sont précisément ses deux maîtres. Que les savants dédaignent mon opinion, à moi qui ne suis rien, passe encore, quoiqu'au fond j'en sois fâché pour eux ; mais qu'ils refusent d'examiner l'opinion de Képler, ah ! par exemple, voilà ce qu'ils ne sauraient faire sans se couvrir de ridicule.

En attendant qu'ils avisent, cette première *Notice* leur apportera de nouvelles preuves qui, ajoutées à toutes celles que j'ai déjà données ailleurs, ne permettent plus de douter de la *force motrice* du soleil. Elle leur fera voir que l'*attraction* et l'*impulsion*, quelle que soit d'ailleurs l'origine de ces deux forces, ne peuvent pas être indépendantes l'une de l'autre, comme le suppose la théorie abstraite de l'école ; car, en admettant qu'elles ne fussent pas étroitement liées et vraiment solidaires, l'*attraction* et l'*impulsion* seraient nécessairement deux forces contradictoires, antagonistes, et inconciliables au point de vue de l'équilibre du monde.

Cette fois, c'est sur leur propre terrain que je vais combattre mes trop silencieux et trop prude adversaires. Et, par une bizarrerie incroyable à laquelle j'étais loin de m'attendre, par un oubli monstrueux qui m'a épouvanté tout le premier, ce sont eux-mêmes qui vont se donner tort avec leurs propres chiffres, ce sont eux-mêmes qui vont se détruire avec leurs propres armes. Si quelqu'un venait vous dire que la lune, d'après la théorie et d'après les calculs des savants, est *huit cent mille fois* plus poussée que retenue dans son orbite, assurément vous ne voudriez pas le croire : les savants sont trop bons calculateurs pour qu'on prenne au sérieux une accusation semblable. Les savants ont pu se tromper sur la durée de la rotation de la terre; les savants ont pu se tromper sur la direction du mouvement annuel des planètes; les savants ont pu ne pas comprendre que le soleil, qui est un corps attractif et qui tourne sur lui-même, doit nécessairement communiquer du mouvement aux corps qui l'environnent; les savants, enfin, ont pu commettre beaucoup d'autres erreurs qu'il serait superflu de rappeler ici. Mais ce que l'on ne croira jamais, parce que ce n'est ni croyable ni possible, c'est que les savants aient pu extravaguer au point d'inventer une lune *huit cent mille fois* plus poussée que retenue dans son orbite. Eh bien! ce qui est incroyable, nous serons obligés de le croire; ce qui est impossible, nous serons forcés de l'admettre; car si bons calculateurs qu'ils soient, les savants n'ont pas vu tout ce qu'il y avait d'insensé au bout de leur théorie, tout ce qu'il y avait de monstrueux au bout de leurs chiffres !

La lune scientifique n'est-elle pas censée obéir à deux forces contraires? Les géomètres ne donnent-ils pas eux-mêmes la mesure de ces deux forces? Et de ce qu'ils ont oublié de rapprocher le pauvre petit millimètre qui représente la *force attractive* des 800 mètres bien comptés qui représentent la *force impulsive,* s'ensuit-il que 800 mètres ne soient pas *huit cent mille fois* plus grands qu'un millimètre? Un millimètre et huit cents mètres, tels sont bien les chiffres, on en verra la preuve; et de la comparaison de ces chiffres, il résulte que la lune scientifique est *huit cent mille fois* plus poussée que retenue. C'est donc pour le seul plaisir de nous voir et uniquement pour satisfaire un sentiment de curiosité, que la lune des savants s'amuse à nous suivre dans l'espace et à tourner en un mois autour de la terre. Une pareille lune est un prodige, que les savants auraient bien dû envoyer à l'Exposition universelle de 1855. La comparaison n'eût fait aucun tort aux richesses vraiment merveilleuses qui s'y trouvent réunies ; et, qui sait, peut-être cette lune eût-elle été assez heureuse pour obtenir une médaille d'encouragement. La fabrication des lunes scientifiques est un genre d'industrie qui demande à être encouragé.

Une lune *huit cent mille fois* plus poussée que retenue!... Voilà cependant l'absurdité à laquelle le dualisme des deux forces contraires conduit fatalement, et à leur insu, des hommes d'un mérite incontestable, mais dominés par l'esprit de système. Et comme les planètes, dans leur révolution autour du soleil, obéissent aux mêmes lois que les satellites dans leur révolution autour des planètes, ce seul exemple fait déjà voir que l'antagonisme des deux forces, l'une venant du dedans et l'autre venant du dehors, a dû nécessairement amener la répétition de la même erreur dans l'étude du mouvement de chaque planète.

Un dernier mot avant d'entrer en matière, dans la crainte que le titre de cet opuscule et le ton de plaisanterie qui s'est glissé dans quelques pages ne soient interprétés d'une manière défavorable. On aime assez généralement à rire de ceux qui se décorent du titre de savants : ce que sait le plus érudit est si peu de chose en comparaison de ce qu'il ignore ! Cependant, s'il y a des hommes qui méritent la sympathie et le respect, ce sont bien ceux qui consacrent leur vie à la recherche ou à l'enseignement de la vérité. On ne saurait en dire autant de ces esprits petitement ambitieux qui voient dans l'étude une source de puissance plutôt qu'une source de lumière, et qui, voulant tout dominer du haut de la spécialité où ils brillent, barrent le passage à toutes les idées nouvelles, non pas parce qu'elles sont fausses, mais parce qu'ils se croient menacés dans leur amour-propre, ou dans leur position. Ce sont ceux-là, mais ceux-là seulement, que j'attaque.

Quant au plan de ce nouveau travail, il était naturellement indiqué. Étroitement liées entre elles, la
première *Notice* et la seconde ne formeront qu'un
tout ; si elles doivent être publiées séparément, c'est
pour ne pas fatiguer l'attention du lecteur, comme
aussi pour ne pas dépasser les limites ordinaires d'une
brochure. Dans cette première *Notice*, entièrement
relative à la lune, je développe successivement les
principales objections qui s'élèvent contre la théorie
actuelle, en ayant soin de commencer par les plus
faciles à comprendre. De cette façon l'esprit a le
temps de se familiariser avec le sujet, et de se préparer
sans trop de peine aux questions d'un ordre plus
élevé qui seront traitées dans la seconde *Notice*, con-
sacrée à l'étude des planètes.

En passant ainsi du simple au composé, en allant
sans cesse du connu à l'inconnu, le lecteur arrivera
insensiblement à la conclusion, avec les connaissances nécessaires pour se former une opinion arrêtée
sur une des plus hautes questions de l'astronomie,
question que les savants ont jusqu'à ce jour considé-
rée comme étant au-dessus de l'intelligence du *vulgaire*. Avec un peu d'attention, et surtout s'il ne se
laisse pas rebuter par la vue d'une masse de chiffres,
heureusement plus nombreux que difficiles à comprendre, le *vulgaire* pourra se convaincre que ce
qu'il y a d'obscur pour son intelligence dans la théorie actuelle, est tout aussi peu compréhensible pour

l'intelligence des hommes d'étude qui n'ont pas
l'habitude de se payer de grands mots vides de sens,
ou d'accepter, sans y faire attention, des énormités
comme celles qui consistent à supposer qu'une force
huit cent mille fois plus petite puisse dominer une
force huit cent mille fois plus grande. *Beaucoup de
géomètres et peu d'astronomes :* telle est peut-être la
pensée qui viendra au lecteur, quand il aura vu jusqu'où l'esprit d'égarement peut aller quelquefois chez
les hommes les plus habiles dans l'art du calcul,
et ce qu'est finalement devenue dans leurs mains
la plus belle des sciences, la science des Copernic,
des Galilée et des Képler.

CHAPITRE PREMIER.

La lune des savants.

Commençons par bien poser la question. Dans un premier calcul dont le détail se trouve au chapitre suivant, les astronomes établissent que, pendant une seconde de temps, la pesanteur terrestre fait tomber la lune d'une petite quantité de chemin égale à 1 millimètre. Voilà la force attractive.

Dans un deuxième calcul, également détaillé plus loin, les astronomes font voir que, par l'effet de la vitesse, qui la sollicite à aller droit devant elle, la lune parcourt 800 mètres en une seconde. Voilà la force impulsive.

Maintenant, de quelle manière se mesure l'intensité d'une force quelconque? Par la quantité de chemin que cette force fait parcourir au mobile qui est soumis à son action.

D'où il suit que, dans un même intervalle de temps, la lune scientifique est attirée par une première force grande comme 1 millimètre, et poussée par une seconde force grande comme 800 mètres. Ce sont bien là les valeurs numériques que la science nous donne comme certaines. Mais, après avoir fait separément ces deux calculs aussi rigoureusement exacts l'un que l'autre à son point de vue, la science n'a oublié qu'une seule chose... elle a oublié de se demander comment elle s'y prendrait pour les mettre d'accord.

La tâche, il faut en convenir, n'est pas des plus faciles. Assurément les géomètres de l'école sont fort habiles dans l'art de grouper les chiffres; mais je ne sache pas que leur habileté aille jamais jusqu'à prouver qu'une force grande comme 1 millimètre puisse faire équilibre à une force grande comme 800 mètres. Autant vaudrait prétendre qu'une quantité huit cent mille fois plus petite est égale à une quantité huit cent mille fois plus grande, car 1 millimètre est à 800 mètres comme 1 est à 800,000.

Ainsi donc, *une lune huit cent mille fois plus poussée que retenue!* voilà l'énormité qui est au bout de la théorie des deux forces séparées et indépendantes l'une de l'autre. *Une lune huit cent mille fois plus poussée que retenue!...* Mais, messieurs les faiseurs d'abstractions, ne voyez-vous donc pas que, s'il en était ainsi, il y a des siècles que, cessant d'obéir à la puissance microscopique de la terre, votre lune se serait échappée en ligne droite par la tangente, pour aller vagabonder dans les champs de l'espace, et qu'elle serait déjà si loin de vous que ni vos yeux, ni vos calculs, ni vos lunettes ne parviendraient plus à l'atteindre?

Une lune huit cent mille fois plus poussée que rete-

nuel!... Tel est le beau produit de l'esprit de système,
tel est le premier-né et l'enfant gâté de l'école. Après
celui-là, et comme sœur cadette, vient une terre
neuf millions de fois plus poussée que retenue!...
C'est à n'y pas croire, et cependant ce n'est pas la
médisance qui l'invente, ce sont les chiffres des savants qui le disent.

Deux forces rivales, deux forces ennemies, mais
condamnées à se faire équilibre, et dont l'une est
huit cent mille fois plus puissante que l'autre !... Que
répondre à cela ?... 1 contre 800,000 !... Comment
arriver à joindre les deux bouts?

Cependant, si les géomètres ne nous expliquent pas
par quel miracle leur lune théorique, quoique *huit
cent mille fois* plus poussée que retenue, peut, malgré
cela, suivre la terre dans son cours et tourner réguliè-
rement en un mois autour de nous, adieu la lune! Per-
sonne ne voudra plus y croire, ni aux savants non plus.

Et quand les géomètres auront fait ce tour de force
pour la lune, si jamais ils le font, il leur restera
encore à exécuter un second tour de force, mille fois
plus difficile, pour le soleil, ce bienfaiteur radieux
et attrayant qu'ils ont travesti en dominateur farou-
che, mais, grâce à Dieu, purement imaginaire. En
effet, l'impuissance de leur soleil dépasserait toutes
les limites de ce que la pensée conçoit et de ce que
le langage exprime, toutes les limites enfin du possible dans l'impossible.

CHAPITRE II.

Détail des deux calculs précédents.

Force attractive de la terre. — En une seconde de temps, la pesanteur terrestre fait tomber la lune vers nous d'une quantité de chemin égale à 1 millimètre. C'est du moins ce que les savants de l'école se prouvent à eux-mêmes par un calcul assez généralement connu, mais que nous sommes tenu de reproduire ici, pour justifier une attaque nouvelle d'une grande audace et d'où dépend peut-être l'avenir de la théorie dominante.

La distance de la lune à la terre et la loi de la chute des graves sont les deux premières choses à connaître dans ce calcul.

Tous les corps qui tombent à la surface du globe descendent d'abord avec une certaine vitesse initiale qui change suivant les différents lieux de la terre, mais qui reste la même pour tous les corps sous une latitude donnée. A Paris, cette vitesse initiale est d'environ 15 pieds ou 4 mètres 9 dixièmes. A la première vitesse succède une vitesse toujours croissante, et la chute ne discontinue pas de s'accélérer jusqu'au moment où le corps tombant rencontre la surface terrestre. Après avoir parcouru cinq mètres dans la première seconde, les graves font trois fois plus de chemin dans la deuxième, cinq fois plus dans la troisième, sept fois plus dans la quatrième, et ainsi de suite. En sorte que la série des temps et la série des vitesses sont représentées par les deux progressions suivantes :

Temps : 1, 2, 3, 4, 5, 6, 7, 8, 9, 10, etc.

Vitesses : 1, 3, 5, 7, 9, 11, 13, 15, 17, 19, etc.

Et la somme des espaces parcourus est comme le carré des nombres qui expriment les temps, c'est-à-dire comme le produit de ces nombres multipliés par eux-mêmes. En effet, puisque dans le premier temps de sa chute le grave a parcouru 1 fois cinq mètres, et que dans le deuxième temps il a parcouru 3 fois cinq mètres, il est évident que la somme de l'espace parcouru en deux secondes sera 4 fois cinq mètres, comme on s'en assure en additionnant les deux premiers chiffres de la deuxième série, qui sont 1 plus 3. Donc, pour un temps *double*, l'espace parcouru est *quadruple*. En trois secondes il sera neuf fois plus grand, car il sera composé de 1 plus 3 plus 5, qui font 9. En *quatre* secondes il sera *seize* fois plus grand, car 1 plus 3, plus 5, plus 7 font 16. En *cinq* secondes il sera *vingt-cinq* fois plus grand, comme l'indique l'addition des cinq premiers chiffres de la seconde série. Mais 4, qui représente la somme de l'espace parcouru en deux secondes, est le carré de 2, qui exprime le nombre des temps écoulés, et il en est de même pour tous les temps et pour tous les espaces suivants. D'où il résulte que toujours l'espace parcouru est égal au carré du chiffre qui représente le nombre de secondes écoulées depuis l'origine de la chute. Telle est la loi à laquelle obéissent les corps quand ils tombent. C'est Galilée qui l'a trouvée, et cette découverte, sans cesse confirmée par l'expérience, est un des plus beaux titres de gloire de ce grand physicien.

Quant à la distance de la lune, les astronomes modernes pensent qu'elle est égale à 60 fois le rayon de la terre. Le rayon terrestre étant de 1,435 lieues, le calcul donne 86,000 lieues de France de 25 au degré pour la distance moyenne de la lune. Nous n'avons pas à juger ici la valeur de ce chiffre, fort approchant d'ailleurs de la parallaxe trouvée par les astronomes de l'école d'Alexandrie. Pour le quart d'heure, nous enregistrons les faits, et voilà tout. Dans certains livres, la lune est à 96,000 lieues de la terre; dans d'autres, elle n'est plus qu'à 85, 84 ou même 80,000 lieues. Ces variations vraiment regrettables proviennent surtout du différent genre de lieues qui a été choisi

par les auteurs. Mais, encore une fois, nous n'avons pas
à nous en occuper ici. Que les savants placent la lune à
96,000 lieues ou à 86,000, cela les regarde; ils la
placeraient à 60,000 lieues, à 40,000, voire même
à 10,000, que cette ressource extrême ne les sau-
verait pas.

Enfin, il y a un dernier élément qui intervient
dans la question. De la troisième loi de Képler, Newton a cru devoir conclure que la force de l'attraction
diminue en raison inverse du *carré* de la distance,
ce qui veut dire que lorsque la distance devient 2 fois
plus grande, l'attraction devient 4 fois plus petite.
Nous verrons bientôt si cette formule célèbre, déjà
tant de fois attaquée, mais d'une manière incomplète,
et toujours victorieusement défendue par les géomètres de l'école, est aussi exacte qu'ils se l'imaginent. Nous verrons enfin si, de la seconde loi de
Képler, on ne peut pas, on ne doit pas, par une dé-
duction tout opposée, conclure que l'attraction diminue purement et simplement comme la distance
augmente. Tout ce que nous avons à constater ici,
c'est que, depuis le triomphe du système de Newton,
les savants admettent, comme un article de foi, que
l'attraction diminue en raison inverse du *carré* des
distances.

Joint aux deux autres, ce dernier point va nous
faire comprendre le calcul des géomètres. En effet, si
l'on admet :

1° Que la pesanteur terrestre fait tomber tous les corps de 5 mètres en 1 seconde, à la surface de la terre ;

2° Que la force de la pesanteur décroît en raison inverse du *carré* des distances ;

3° Que la lune est à une distance de 86,000 lieues qui représente 60 fois le rayon de la terre ;

Il est évident que, pour savoir ce que devient l'intensité de la pesanteur terrestre à la distance où se trouve la lune, il suffit de diviser 5 mètres par le carré de 60. Le carré d'un nombre, ou sa seconde puissance, c'est ce nombre multiplié par lui-même. D'où il suit que le carré de 60, c'est 60×60, dont le produit est 3,600. Divisons donc 5 mètres par 3,600, et nous obtiendrons pour quotient 1 millimètre $\frac{1}{2}$ environ, lequel millimètre $\frac{1}{2}$ mesurera l'intensité de la pesanteur terrestre sur un corps placé à la distance de la lune.

$\frac{5^{m}}{3600} = 0,001388$, ou 1 millimètre 14 trente-sixièmes : C'est en effet le chiffre que donne Newton lui-même.

Chiffre déjà trop fort, et que La Place réduit à 1 millimètre, ou plus exactement à 1 millimètre 67 billionièmes de mètre. « L'ensemble des phéno-
» mènes qui dépendent de l'action de la lune, dit
» La Place (*Exposition du système du monde*, p. 253)
» m'a donné sa masse égale à 1 soixante-quinzième de
» celle de la terre ; en multipliant donc cet espace
» par 75 soixante-seizièmes, on aura $0^{m},0010067$

» pour la hauteur dont l'attraction de la terre fait
» tomber la lune pendant une seconde. »

1 millimètre 67 billionièmes !... C'est le chiffre reçu
par tous les géomètres de l'école, c'est celui qui res-
sortait nécessairement des éléments mêmes du calcul.
Et comme, suivant l'école, la pesanteur terrestre se
borne à faire tomber la lune vers le centre de la
terre, il en résulte que, aux yeux des savants, toute
la puissance attractive de la terre sur la lune se réduit
à ce je ne sais quoi qui fait tomber notre satellite
d'un millimètre en 1 seconde. A cela se borne tout
le développement de la force motrice qu'exerce une
aussi grosse planète que la terre sur un aussi gros
satellite que la lune.

1 millimètre !... Telle est donc, en dernière analyse, la quantité dont la terre fait tomber la lune,
en 1 seconde. Ce sont du moins les géomètres
qui le prétendent, ce n'est pas nous qui le leur
faisons dire. Notre seul crime, si c'en est un, c'est
d'avoir fait un rapprochement qu'ils ont oublié
de faire, et d'avoir comparé ce pauvre petit millimètre à l'énorme vitesse d'impulsion sans laquelle
la lune ne pourrait pas accomplir sa révolution mensuelle autour de la terre.

Force impulsive de la lune. — Si elle n'était pas
soutenue par l'action constante et invariable d'une
ancienne impulsion complétement indépendante de
la pesanteur terrestre, la lune des géomètres, quoique

peu attirée d'abord, finirait cependant par tomber sur la terre. Mais, grâce à la vitesse propre qui la pousse en ligne droite, la lune parcourt 800 mètres à la seconde, et les géomètres qui ont si peur de la voir tomber sur leur tête ne se soucient pas de savoir si, avec tant de vitesse luttant contre si peu d'attraction, la lune ne devrait pas prendre la clef des champs. Et il n'y a pas moyen de supposer que la lune puisse faire moins de 800 mètres à la seconde, ce chiffre de 800 mètres va s'imposer de lui-même dans un second calcul qui est d'une simplicité élémentaire. La lune est à 86,000 lieues de nous, et elle fait sa révolution autour de la terre en un mois.

Tout le monde sait qu'étant connu le diamètre d'une circonférence, il suffit, pour trouver l'étendue de cette circonférence, de multiplier le diamètre par 3 et 1 septième, ou par 355 cent-treizièmes, si l'on a besoin d'une plus grande précision. Chacun sait encore que tout rayon de circonférence est égal à la moitié du diamètre.

Or, la distance moyenne de la lune à la terre est précisément le rayon d'une circonférence que la lune décrirait en un mois autour de nous, si son orbite n'était pas un peu allongée en forme d'ovale. En sorte que, quand on veut connaître le contour de cette orbite, on n'a qu'une chose bien simple à faire : on commence par doubler le rayon pour en faire un diamètre, et on multiplie par 3 et 1 septième le chiffre ainsi obtenu.

$$86,000 \times 2 = 172,000, \text{ et } 172,000 \times 3\tfrac{1}{7} = 540,571.$$

Cette première opération donne donc 540,571 lieues pour la mesure du contour de l'orbite lunaire. C'est le chemin que fait tous les mois la lune en circulant autour du centre de la terre, indépendamment du chemin beaucoup plus considérable que le globe terrestre lui fait parcourir en l'entraînant à sa suite.

Maintenant, puisque la lune fait 540,571 lieues en un mois lunaire, c'est-à-dire en 29 jours $\tfrac{1}{2}$, elle fera 29 fois $\tfrac{1}{2}$ moins de chemin en un jour, ce qui donne 18,324 lieues.

En une heure, la lune fera 24 fois moins de chemin encore, ce qui donne 764 lieues.

En une minute, elle fera 60 fois moins de chemin, ce qui donne environ 13 lieues.

C'est en effet le chiffre que les astronomes font entrer dans les tableaux où ils comparent entre elles les vitesses des différents astres. Si l'on trouve 13 lieues chez certains auteurs, et 14 chez d'autres, cette différence vient de ce que les uns emploient la lieue de France de 25 au degré, et les autres la lieue de poste de 28 $\tfrac{1}{2}$ au degré. 13 lieues à la minute, telle est donc bien la vitesse de la lune d'après les géomètres. Seulement, les géomètres en restent là, et ils ne poussent pas le calcul jusqu'à la seconde, sans doute, parce que la quantité de chemin parcouru en une minute est suffisante pour donner une idée exacte du rapport qui existe entre toutes les vitesses. Mais, pour le but que nous voulons atteindre, cette méthode défectueuse ne suffirait pas. Dans l'estimation de la force attractive de la terre, les géomètres ont pris la seconde pour unité de temps; et, dans l'estimation de la vitesse, ils prennent une autre unité de temps, qui est la minute. Quant à l'unité de mesure même disparate : dans un cas, le mètre; et dans l'autre, la lieue. Comment faire, après cela, un rapprochement utile entre les deux forces que l'on a mesurées séparément dans des calculs spéciaux et isolés suivant l'ordre des matières? Ces détails leur paraîtront bien peu de chose, et cependant c'est pour les avoir négligés que les géomètres n'ont pas fait le rapprochement que nous avons fait à leur place.

Une force attractive d'un millimètre en une seconde et une force impulsive de **13** lieues à la minute, il y a déjà dans ces deux termes les éléments d'une comparaison qui ne promet rien de bon pour la théorie de l'école. Mais c'est encore vague et indécis, parce que les éléments de la comparaison ne sont pas de même nature.

Pour faire disparaître ce reste d'obscurité, réduisons en mètres les **13** lieues que la lune parcourt en **1** minute, et voyons ensuite quelle doit être la vitesse de sa marche pendant 1 seconde. 13 lieues font 52,000 mètres. C'est la quantité de chemin que parcourt la lune en 1 minute. En 1 seconde la lune fera 60 fois moins de chemin qu'en une minute. Divisons donc 52,000 mètres par 60, et nous aurons 866 mètres 4 sixièmes pour la quantité de chemin que parcourt la lune en 1 seconde. Comme on le voit, en prenant 800 mètres pour mesure de la vitesse de la lune, nous sommes resté au-dessous de la vérité.

Il est donc avéré que, d'après les chiffres de l'école, la lune serait sollicitée par deux forces rivales, l'une grande comme 1 millimètre et l'autre grande comme 800 mètres. D'où il suit que la lune des savants est *huit cent mille fois* plus poussée qu'attirée, *huit cent mille fois* plus chassée que retenue.

A eux de nous révéler par quel moyen inconnu jusqu'à ce jour, une force attractive huit cent mille fois plus faible parvient à triompher d'une force impulsive huit cent mille fois plus forte. S'ils le font, nous les tenons pour sorciers.

Les géomètres diront-ils que nous faisons entre la force attractive et la force impulsive un rapprochement qu'ils n'admettent pas et qui n'existe pas dans la nature? Se retrancheront-ils enfin dans le domaine du merveilleux pour supposer que l'attraction et l'impulsion étant deux forces dont la cause première et dont l'essence nous sont inconnues, il se pourrait qu'une très-petite part de force attractive pût faire équilibre à une très-grosse part de force impulsive? À cela, nous répondrons par un seul mot : vainement les géomètres essayeraient de remplacer la quantité par la qualité, puisque, de leur aveu, l'attraction ne fait descendre la lune que de 1 millimètre en une seconde, et que, d'après le témoignage de leurs propres chiffres, l'impulsion fait avancer la lune de 800 mètres en une seconde. C'est par l'effet qu'elle produit que toute force donne la mesure de son intensité, quelles que soient d'ailleurs son origine et son essence. La question qui nous occupe est donc bien une question de quantité et non pas une question de qualité. Et si les géomètres faisaient cet appel *in extremis* aux puissances occultes de l'attraction, ils y seraient d'autant moins autorisés qu'eux-mêmes ils ont posé en principe que pour faire équilibre à une impulsion 2 fois plus grande, il faut une attraction 4 fois plus forte.

Rien ne saurait justifier l'erreur monstrueuse que les géomètres ont commise dans cette circonstance pour avoir mal interprété deux grandes lois de la nature, découvertes l'une par Képler et l'autre par Galilée. Peut-être essayeront-ils de la dissimuler par un grand luxe de formules algébriques et par quelques-uns de ces tours de force auxquels ne se prête que trop souvent le calcul infinitésimal. C'est là que nous les attendons : nous traduirons en français leurs

formules hiéroglyphiques de tout genre ; nous ferons
ainsi comprendre au public les *à peu près* ou les *non-
sens* qu'on lui débite magistralement sous la forme
de *vérités transcendentales*, et nous soumettrons avec
lui aux lois ordinaires de l'arithmétique et de la
géométrie toutes ces questions, qui ne sont, après
tout, que des questions de quantité et des questions
de mesure.

D'après ce qui précède, on voit déjà tout ce qu'il
y a de faux dans la théorie des deux forces rivales et
indépendantes l'une de l'autre. Et cependant nous
ne l'avons encore envisagée, cette théorie, que sous
un seul point de vue. A la force impulsive que les
savants supposent invariable, nous avons opposé la
force attractive au moment où elle est le plus faible,
car cette force est variable de sa nature, les savants
sont les premiers à en convenir. Si l'attraction
restait toujours la même, si elle ne faisait jamais
descendre la lune de plus de 1 millimètre, en une
seconde, savez-vous combien de temps il faudrait à
l'orbite lunaire pour s'incurver de la quantité dont
elle se recourbe en moins de 8 jours? Il lui faudrait
quelque chose comme 10,000 ans, à raison de 1 lieue
en 46 jours et demi! Voyons donc de quelle manière
varie l'attraction des géomètres.

CHAPITRE III.

Comment gravite la lune des savants.

Pour arrondir suffisamment sa trajectoire et pour accomplir en un mois un circuit entier autour du centre de la terre, la lune doit nécessairement, en une semaine, tomber d'une hauteur égale au rayon de son orbite, rayon qui est de **86,000** lieues comme la distance.

Ce mot tomber a quelque chose d'étrange, quand on parle d'un astre comme la lune, qui, toujours soutenu par un lien invisible, se promène majestueusement au-dessus de nos têtes. Un tel spectacle est loin de ressembler à celui de la pierre qui tombe, et qui menace de nous écraser dans sa chute. C'est qu'en réalité la lune ne tombe pas, elle gravite, ce qui est fort différent. Un astre qui gravite est un corps qui tourne sans cesse autour d'un centre, sans jamais l'atteindre ; tandis que la pierre qui tombe, tout en décrivant, elle aussi, une portion quelconque de courbe, si le corps central qui la fait tomber est

en mouvement sur son axe, n'en finira pas moins
par céder à l'action de la pesanteur et par s'abattre
sur le centre.

Mais, d'un autre côté, l'astre qui gravite autour
d'un centre ne pourrait pas le faire s'il avançait toujours en ligne droite. Pour correspondre successivement à tous les points de la surface du corps central
sans cesser d'être toujours à la même distance du
centre, pour tourner enfin, il faut qu'il s'éloigne sans
cesse du niveau de la ligne droite qu'il aurait suivie
s'il ne gravitait pas. Ainsi fait la branche d'un compas
qui décrit un cercle. Après avoir accompli le quart
de la circonférence autour du centre, l'extrémité de
la branche se trouve beaucoup plus bas qu'elle n'était
à l'origine ; et la hauteur d'où elle est descendue,
la quantité dont elle est tombée, est égale au rayon
de la circonférence, qui lui-même est égal à la distance au centre. Eh bien, la lune sera, si l'on veut,
comme l'extrémité mobile de ce compas ; toutes les
fois qu'elle aura accompli un quart de circonférence
autour du centre de la terre, elle sera descendue,
elle sera tombée de 86,000 lieues, grandeur du rayon
de son orbite. Ainsi compris, le mot n'a plus rien
de choquant.

Si la force attractive de la terre ne la faisait tomber
que d'une manière uniforme et seulement d'un millimètre par seconde, la lune mettrait 10,000 ans à
descendre de 86,000 lieues. Or, la lune tombe de

86,000 lieues en une semaine. Il est donc évident qu'elle ne tombe pas toujours avec uniformité et d'un millimètre en une seconde. Il est même probable qu'elle doit, de temps en temps, faire d'assez jolies enjambées.

Comment les géomètres font-ils donc tomber la lune ?

Suivant eux, la lune obéit, dans sa chute, aux mêmes lois que la pierre qui, n'ayant reçu aucune impulsion, tombe à la surface de la terre. Ne s'apercevant pas qu'ils confondent deux choses complétement différentes, la chute de pesanteur et la chute de gravitation, les géomètres se représentent la lune comme une pierre qui tombe de 86,000 lieues de haut, et qui, vu ce grand éloignement, commence à tomber, non pas de 5 mètres, comme les graves à la surface de la terre, mais seulement de 1 millimètre par seconde. A cette différence près, la lune n'est pour eux qu'une pierre, beaucoup plus grosse, qui tombe exactement de la même façon que les pierres dont Galilée observait si bien la chute du haut de la tour de Pise. Mais les pierres qu'observait Galilée n'avaient reçu aucune impulsion qui leur eût communiqué une vitesse propre, comparable à la vitesse dont les savants supposent la lune animée. Aussi, les pierres de Galilée retombaient-elles sur le sol, tandis que la lune des géomètres, aussi bien que la lune véritable, tourne sans cesse autour de la terre, sans jamais l'atteindre N'importe, la lune tombe comme tombent les pierres, car graviter ou tomber, c'est la même chose pour les géomètres de l'école.

Comment soutenir le contraire? Dira-t-on qu'un astre qui gravite ressemble à une pierre qui tombe, en ce qu'il obéit comme elle aux lois de la pesanteur; mais qu'il y a cette différence que l'astre qui a reçu une impulsion primitive ne se précipite pas sur le centre, tandis que la pierre qui n'a pas reçu d'impulsion indépendante de la pesanteur se précipite sur le centre? Ce raisonnement serait absurde, car si l'intervention de la force impulsive ne modifie en rien l'action de la pesanteur, il est évident qu'il n'y a aucune différence entre un corps qui gravite et un corps qui tombe. Mais l'observation démontre que l'intervention de la force impulsive modifie d'une manière notable l'action de la pesanteur. La pomme qui tombe du haut d'un arbre ne se comporte pas comme le boulet de canon lancé par une forte charge de poudre. Comment donc la lune des savants, qui a reçu une impulsion primitive si vivace qu'elle dure encore, peut-elle se conduire exactement de la même façon qu'une pomme qui tombe du haut d'un arbre?

Il n'y a rien à répondre à cet argument, dont les conséquences seront étudiées dans un autre chapitre? En ce moment nous devons prouver, par les chiffres, que, dans la théorie de l'école, la chute de pesanteur et la chute de gravitation sont une seule et même chose.

Admettons, par hypothèse, que le mouvement de la lune vienne à s'arrêter tout à coup. La lune ne sera plus alors qu'un corps en repos, suspendu à une hauteur de 86,000 lieues, et se mettant en marche pour tomber, suivant les lois de la pesanteur, sur la terre, que nous supposerons immobile, pour simplifier encore plus la question. S'il en était ainsi, en combien de temps la lune arriverait-elle jusqu'à nous? Ouvrez les livres des astronomes, et partout vous trouverez que, dans cette hypothèse, la lune ne mettrait pas moins de 8 jours à tomber sur la terre. Si un pareil malheur devait arriver, ne vous fiez pas trop à cette prédiction des astronomes, et empressez-vous de faire vos derniers adieux à tous ceux que vous aimez, car il y a raison de croire que la lune ne mettrait guère plus de trois heures à faire ce terrible voyage. Mais ce n'est pas la question. Nous parlons de la lune véritable, et il s'agit de la lune des savants, qui a une tout autre importance. Celle-là ne tomberait de 86,000 lieues qu'en 8 jours.

Maintenant, si du domaine de la fiction nous rentrons dans la réalité, nous retrouvons la lune en mouvement autour de la terre. Et c'est encore en 8 jours que la lune, pour les géomètres comme pour tout le monde, descend d'une hauteur égale au rayon de son orbite, c'est-à-dire d'une hauteur égale à la distance qui la sépare du centre de la terre. Cette distance a été supposée de 86,000 lieues, et c'est bien

8 jours qu'il faut pour franchir cette distance, conformément aux lois ordinaires de la pesanteur, si
l'on suppose que, dans la première seconde, la lune
n'a dû descendre que d'un millimètre.

Donc, pour les savants, graviter ou tomber c'est
exactement la même chose. En effet, à leurs yeux, la
lune qui gravite se comporte comme la pierre qui
tombe. Et ici les chiffres n'ont rien d'arbitraire, car
étant 3,600 fois moins attirée qu'un corps à la surface de la terre, la lune ne tombera que d'un millimètre dans la première seconde de sa chute, puis de
3 millimètres, puis de 5, puis de 7, conformément à
la loi de Galilée. Si bien qu'en 60 secondes, qui font
une minute, l'espace parcouru sera comme le carré
des temps, c'est-à-dire comme le carré de 60, qui est
3,600. Tel est, en effet, le chiffre donné par Newton lui-même et accepté par toute l'école, qui ne
manque pas de remarquer que, pour tomber de
3,600 millimètres, qui font 3 mètres 6 dixièmes, la
lune emploie une minute, tandis que, sur tel parallèle terrestre, les graves font le même trajet en une
seconde, qui n'est que la soixantième partie d'une
minute. En continuant ainsi à prendre le carré des
temps pour mesure de l'espace parcouru, on trouve
qu'au bout de 7 jours 9 heures la lune devra tomber
d'environ 86,000 lieues. De là aux 8 jours que tous
les livres donnent à la lune pour venir s'abattre sur
la terre, il n'y a pas loin.

3

Ainsi donc, dans la théorie actuelle, la lune en mouvement ne tombe pas autrement que ne tomberait la lune en repos. La lune circulant en un mois autour de nous descend de 86,000 lieues en 8 jours, et c'est encore en 8 jours que la lune tomberait sur la surface de la terre, si la force impulsive qui l'anime venait à s'arrêter tout à coup.

Voilà un nouveau rapprochement que les géomètres n'ont pas fait, et qui cependant n'aurait pas dû échapper à leur sagacité. Lorsqu'il découvrit la loi de la chute des graves, Galilée ne se doutait pas qu'on en viendrait un jour à confondre la lune qui gravite avec une pierre qui tombe.

CHAPITRE IV.

Charybde et Scylla.

Sollicitée par deux forces inégales, dont l'une est constamment variable et dont l'autre est toujours la même, la lune des savants navigue péniblement entre deux écueils. Ne soyons donc pas trop effrayés si, après avoir eu à redouter sa brusque disparition, nous nous trouvons ensuite en face d'un nouveau danger bien autrement grave, le danger de la voir tomber sur nos têtes. Vous avez tort de rire, car ce danger, qui n'existe pas pour vous, il existe pour les astronomes de l'école. Et ce n'est pas une fois par hasard qu'il se présente, il se renouvelle au moins tous les huit jours. Quel courage ne faut-il pas aux savants pour braver un tel péril !... Il est vrai qu'ils ne s'en aperçoivent pas.

Ce qui le ferait croire du moins, c'est que les géomètres, malgré toute la rectitude de leur esprit, ne précisent ni le moment où la lune ne tombe que d'un millimètre par seconde, ni le moment où la lune exécute ses cascades les plus extravagantes. Oubli impardonnable, mais facile à réparer après tout. L'attraction des géomètres s'exerçant en raison inverse du carré des distances, il est évident que son intensité sera la plus grande au périgée et qu'elle sera la plus petite à l'apogée. Quand la lune est le plus loin de nous, la force attractive n'est-elle pas à son *minimum?* et quand la lune est le plus près de nous, la force attractive n'est-elle pas à son *maximum?* C'est donc au moment de son apogée que la lune ne descend que d'un millimètre en une seconde. Dans le présent mois, qui est le mois de juin de l'année 1855, l'apogée de la lune arrivait le 19. Le 19 juin 1855, la lune n'a donc dû, n'a donc pu, descendre que d'un millimètre dans la seconde de temps où elle était le plus loin de nous. Dans le cas où il y aurait erreur de date, les savants sont invités à désigner un autre jour. Mais non, il n'y a pas d'erreur, c'est à l'époque de l'apogée ou *jamais* que la lune scientifique doit tomber d'un millimètre en une seconde. Passe donc pour le 19 juin.

A ce moment-là, quelle était la vitesse réelle de la lune dans son orbite? C'était sa vitesse moyenne diminuée d'un septième, suivant nous; mais, comme les astronomes de l'école veulent que la diminution soit d'un quart, ne contrarions pas leur fantaisie. Si de 800 mètres, qui représentent la vitesse moyenne de la lune, on retranche 200 mètres, qui en sont le quart, il reste 600 mètres pour sa plus petite vitesse au moment de l'apogée. Avec un peu de complaisance, on peut donc réduire la force impulsive à 600 mètres; mais impossible de la faire descendre plus bas, même avec la meilleure volonté du monde et en tenant compte de toutes les circonstances les plus atténuantes. Or une attraction de 1 millimètre en présence d'une impulsion de 600 mètres, c'est encore une force *six cent mille fois* plus faible contre une force *six cent mille fois* plus forte. Dans cette position, la lune est complétement libre de nous abandonner pour aller faire l'école buissonnière.

C'est le danger qui a été déjà signalé au commencement de cette notice; c'est celui que nous avons tous couru le 19 juin de cette année. Sans le vif désir qu'elle avait d'assister à l'Exposition universelle de 1855, il est probable que la lune nous eût plantés là. Mais l'Exposition ne durera pas toujours, et le danger se renouvellera les mois suivants.

Cette menace de divorce, loin d'être le caprice d'un moment, nous poursuit pendant plus de trois jours, chaque fois qu'elle se renouvelle.

En effet, si nous comptons bien, pour que l'accélération de la chute puisse faire tomber la lune de 600 mètres à la seconde, il faut 300,000 fois la répétition du même temps, c'est-à-dire 300,000 secondes, et 300,000 secondes font presque 84 heures, qui ont toujours fait 3 jours un quart. Ce n'est qu'après cet intervalle de temps que la lune des savants peut tomber de 600 mètres par seconde. Alors seulement le danger du divorce cesse d'exister. La quantité dont l'attraction fait tomber la lune étant égale à la quantité dont l'impulsion la sollicite à avancer en ligne droite, les deux forces ont enfin trouvé leur équilibre, et la lune des géomètres a, pour ce moment, un faux air de ressemblance avec la lune véritable.

Mais, hélas! l'équilibre ne dure qu'un instant, et cette pauvre lune n'a évité un écueil que pour retomber immédiatement dans un autre. A peine devenue l'égale de l'impulsion, l'attraction aspire à surpasser, à humilier la rivale qu'elle déteste, et elle ne tarde pas à y parvenir.

Le 26 juin, sept jours après l'apogée, l'attraction aura grandi assez pour faire tomber la lune de 1,231 mètres à la seconde. En effet, lorsque, au bout de 7 jours et demi environ, la lune est descendue des 86,000 lieues dont il faut qu'elle descende pendant le quart de sa révolution mensuelle, il s'est écoulé 615,600 secondes. A ce moment-là, qui arrivera le 26 de ce mois, et dans le court intervalle d'une seule seconde, la lune scientifique tombera de 1,231,000 millimètres, qui font bien 1,231 mètres. La force attractive dépassera donc la force impulsive, sinon de moitié, au moins d'un bon tiers, car il est juste de ne pas oublier non plus l'augmentation de la vitesse, qui sera revenue à sa moyenne de 800 mètres. Mais la force attractive, déjà menaçante, n'en continuera pas moins à augmenter beaucoup plus que la force impulsive.

Alors malheur à nous ! malheur à l'Exposition universelle de 1855 ! Quelques heures encore, et la chute continuant à s'accélérer sans cesse, la lune des savants va se précipiter vers le palais de l'Industrie, dont les portes ne seront pas assez grandes pour la recevoir. Je vous laisse à penser quels désastres auraient lieu, si la lune des savants, non contente de regarder d'en haut, à travers le vitrage supérieur, se mettait dans la tête de vouloir entrer à tout prix.

Il n'y a qu'un moyen pour éviter ce malheur, c'est que la lune, à la demande des savants, consente à faire une concession, et la force attractive aussi. Il faut que la force attractive, oubliant pour un moment ce que la théorie et ce que le bon sens exigent, consente à se ralentir tout à coup, au moment même où la diminution de la distance la sollicite à devenir de plus en plus grande. Passant ainsi sans raison d'une période croissante à une période décroissante, la force attractive arrivera au périgée dans son *minimum* de puissance, et nous serons tous sauvés. Ce sera au périgée, il est vrai, lorsque la lune se trouvera le plus près de nous et par conséquent le plus fortement attirée, qu'elle descendra seulement de 1 millimètre en une seconde, tout comme elle faisait quinze jours auparavant, à l'apogée, lorsqu'elle était le plus loin de nous et le moins fortement attirée. Mais qu'importe? pour plaire aux géomètres, il faut bien faire quelque chose.

Impossible!... la lune ne saurait, pour une raison ou pour une autre, déroger aux grandes lois de la nature! Pourquoi pas?... Le mois dernier, au moment où la force attractive avait atteint son *maximum*, la lune n'est pas tombée sur le palais de l'Industrie, et elle n'a pas accompli non plus sa menace de divorce lorsque l'attraction, dans son *minimum*, est redevenue *six cent mille* fois plus faible que la force impulsive. Vous voyez bien que la lune s'entend avec les astronomes.

Au point de vue scientifique, il y aurait bien quelque chose à redire; mais la lune ne se gêne pas pour si peu. Elle est scientifique quand bon lui semble, et si vous lui faites un objection embarrassante, elle s'en tire comme M. Foucault, le critique du *Journal des débats*, en vous disant : *Je ne discute pas avec les gens qui pensent autrement que les géomètres.* Ou bien, ce qui est encore bien plus adroit, elle fait comme M. Liouville et comme M. Babinet, elle ne répond pas du tout.

CHAPITRE V.

Expérience du boulet de canon.

Un boulet suspendu par un lien à 5 mètres de hauteur au-dessus du sol, tombera comme une pierre si son attache vient à se rompre; et il emploiera une seconde de temps à franchir la distance de 5 mètres qui le sépare de la surface du sol. Voilà ce que nous savons tous, et ce qu'il est facile de vérifier par l'expérience.

Supposons maintenant que ce même boulet, au lieu d'avoir été suspendu à une corde, ait été introduit dans une pièce de canon placée en rase campagne à une hauteur de 5 mètres au-dessus du sol, et avec une charge de poudre suffisante pour faire parcourir au projectile 800 mètres à la seconde. Mettons le feu à la poudre, et voyons ce qui va arriver.

En une seconde le boulet tombera-t-il de 5 mètres, comme il faisait lorsque, n'étant que suspendu, il n'avait aucune vitesse de projection à opposer à l'action de la pesanteur terrestre? Non, il^s ne tombera pas de 5 mètres, et la preuve, c'est qu'au bout d'une seconde il sera aussi élevé au-dessus du niveau du sol qu'au moment où il sortait de la bouche du canon. S'il y a une différence, ce sera en plus et non pas en moins, car on sait que, dans la première partie de leur course, les projectiles, quoique lancés horizontalement, ont une tendance à monter un peu. Mais négligeons ce petit détail en notre faveur, et il n'en sera pas moins évident que le boulet n'est pas descendu de 5 mètres, suivant les lois ordinaires de la pesanteur. Bien loin de s'être abattu sur le sol, il est encore en train de poursuivre sa route, et en ce moment peut-être il passe au-dessus de la tête d'un géomètre qui ne le voit pas. S'il arrivait par malheur à ce boulet de blesser quelque savant, non monté sur un piédestal, ce ne serait qu'à une distance beaucoup plus éloignée, et seulement vers la fin de sa course.

Quant à la cause qui l'empêche de tomber, nous la connaissons tous, c'est la force impulsive qui lui a été communiquée par l'explosion de la poudre. Et il n'est pas douteux que cette force impulsive ne puisse vaincre momentanément la force de la pesanteur : lancé par un obusier, le boulet eût monté verticalement pendant quelques secondes. Les géomètres le savent bien, eux qui ont mesuré la charge de poudre qui serait nécessaire pour élever un projectile à une hauteur d'où il ne redescendrait plus ; du moins l'ont-ils fait pour les projectiles lancés par les volcans de la lune, projectiles dans lesquels La Place lui-même avait cru voir l'origine des aérolithes qui tombent de temps en temps sur la terre.

Ainsi, deux expériences dans des conditions diverses, et deux résultats différents. Quand le boulet est abandonné à lui-même, il tombe de 5 mètres en 1 seconde ; quand il est animé d'une vitesse impulsive, il ne tombe plus du tout, au moins pendant une certaine partie de sa course.

Eh bien, ce qui est vrai pour le boulet en question, est vrai, *à fortiori*, pour la lune des géomètres. Dans leur théorie, la lune n'est-elle pas un projectile animé d'une vitesse propre de 800 mètres à la seconde ? Et de plus, vu le grand éloignement où elle se trouve, la lune n'est-elle pas, toujours d'après les géomètres, 3,600 fois moins sollicitée à tomber qu'un boulet de canon suspendu à 5 metres de hauteur au-dessus de la surface terrestre ? 3,600 fois moins que 5 mètres, c'est un millimètre. Comment donc, étant 3,600 fois moins attirée qu'un boulet de canon et poussée autant que lui, la lune peut-elle faire ce que ne fait pas le boulet de canon ?

Mais, dira-t-on, la lune ne descend que d'une très-petite quantité en 1 seconde. Mauvaise raison, car cette petite quantité, ce millimetre enfin, serait une distance relativement beaucoup plus grande que

les 5 mètres dont ne descend pas le boulet de canon.
Le boulet de canon est 160 fois plus poussé que re-
tenu; aussi ne tombe-t-il pas, tant que la résistance de
l'air n'a pas assez diminué sa vitesse pour que la force
de la pesanteur terrestre reprenne le dessus. La lune,
au contraire, est huit cent mille fois plus poussée
que retenue, elle n'a pas à lutter contre la résistance
de l'atmosphère terrestre, et cependant, il faut, bon
gré mal gré, qu'elle descende. Evidemment il y a
là une difficulté à laquelle les géomètres n'ont pas
songé.

Encore nous sommes-nous borné à ne considérer
que la première seconde de la marche du projectile.
Que serait-ce donc, grand Dieu! si nous suivions sa
course pendant plusieurs secondes? Au bout de 2 secondes, il serait déjà à 1,600 mètres, et il se soutien-
drait toujours à 5 mètres au-dessus du niveau du sol.
Au bout de 5 secondes, il serait éloigné de son point
de départ de près de 4,000 mètres, une lieue, et c'est
à peine si sa hauteur aurait sensiblement diminué.
Or, en lui appliquant la loi de la chute des graves
dans toute sa rigueur, et en le traitant comme les
géomètres traitent la lune, ce n'est plus de 5 mètres
que le boulet aurait dû tomber en 5 secondes, c'est de
125 mètres. Quand les géomètres auront découvert
un boulet de canon qui, lancé par une force impulsive de 800 mètres, descend vers la terre de 125 mètres en 5 secondes, alors nous commencerons à

comprendre par quel secret la lune, à qui il serait impossible de tomber de 1 millimètre en 1 seconde, peut tomber de 3,600 millimètres en 60 secondes ou 1 minute.

Et il n'y pas à objecter que notre comparaison de la lune avec un boulet de canon manque d'exactitude. Le rapprochement est si vrai, que tous les jours et dans tous leurs livres les astronomes font, pour rendre leur pensée plus claire, deux suppositions successives qui ne diffèrent en rien de celles que nous venons de faire en parlant d'un même boulet de canon. Si la force impulsive qui anime la lune venait à cesser tout à coup, disent les astronomes, la lune tomberait directement vers le centre de la terre, avec une vitesse initiale de 1 millimètre pendant la première seconde, mais allant toujours en croissant, d'après la loi de la chute des graves. Si bien qu'au bout de 8 jours la lune viendrait choquer la surface de la terre. C'est bien le même exemple que celui du boulet de canon suspendu par une attache qui vient à se rompre, avec cette différence que la distance étant beaucoup plus grande, l'intensité de la force de pesanteur est beaucoup plus petite.

De même, les astronomes conviennent que si la force attractive qui retient la lune autour de la terre venait à cesser tout à coup, la lune, s'échappant par la tangente, continuerait à marcher, mais en ligne droite, avec une vitesse de 13 à 14 lieues à la minute ; ce qui fait bien une vitesse de 800 mètres à la seconde, comme celle du boulet de canon dans notre second exemple. Seulement les savants s'arrêtent là, et peu soucieux de se montrer conséquents avec eux-mêmes, ils ne se demandent pas si la force attractive qui, non contrariée, ne ferait descendre la lune que de 1 millimètre dans la première seconde, peut lutter contre une force impulsive de 800 mètres, dont la direction est horizontale par rapport à la direction de la pesanteur terrestre.

Les voilà dûment avertis par l'exemple d'un boulet de canon. Qu'ils en profitent! En tout cas, il faudrait être bien sourd pour ne pas entendre le bruit d'un avertissement aussi sonore.

Mais poursuivons nos études, et l'expérience du boulet de canon va nous révéler quelque chose de nouveau. Quoique s'étant maintenu, pendant plusieurs secondes, à la même hauteur de 5 mètres au-dessus du sol, le boulet de canon doit-il être considéré, pour cela, comme ayant toujours suivi une ligne droite dans sa course? Nullement, car pendant que le projectile continuait sa route dans une direction qui nous paraissait horizontale, la terre ne cessait pas non plus de tourner sur son axe, et ce mouvement de rotation nous faisait descendre et faisait descendre le boulet avec nous au-dessous du niveau que nous occupions dans l'espace, au moment de sa sortie du canon. De combien se recourbe,

en 1 seconde, l'orbite que la rotation fait décrire
à chaque point de la terre, pris isolément et considéré comme une petite planète qui tournerait en
24 heures autour du centre de la terre? Cette
orbite se recourbe de 295 mètres à la seconde. En
effet, en 6 heures, nous décrivons le quart d'une
circonférence, dont le rayon est de 1,435 lieues.
D'où il suit que nous descendons de 1,435 lieues
en 6 heures, de 239 lieues en 1 heure, de près
de 4 lieues en 1 minute, et de 295 mètres en
1 seconde. En sorte que la trajectoire de 800 mètres décrite par le boulet en 1 seconde, se re-
courbait de 295 mètres pendant le même espace de
temps. Au bout de 2 secondes, cet espace toujours
parcouru en ligne droite, d'après l'apparence, était
de 16,000 mètres; mais, en réalité, la trajectoire
s'était recourbée de 590 mètres. Au bout de 5 secondes, l'espace parcouru approchait de 4,000 mètres qui font 1 lieue, et la courbure atteignait
1,475 mètres qui dépassent un quart de lieue.

Une trajectoire qui nous paraît suivre la ligne
droite et qui se recourbe de 1,475 mètres en 5 secondes, c'est un phénomène qui ne manque ni de
curiosité ni d'importance. Pourquoi donc les savants
n'y font-ils pas attention? Ne serait-ce pas parce que
ce phénomène est complétement inexplicable dans la
théorie de l'école, qui ne repose que sur des formules
abstraites? Cependant, si la marche du projectile avait

pu se soutenir ainsi pendant 12 heures et demie à
5 mètres au-dessus du niveau du sol, il est incontestable que le boulet de canon eût fini par décrire
une révolution complète autour du centre de la terre.
D'où il résulte que, n'ayant reçu de l'impulsion primitive aucune tendance à remonter contre les lois de
la pesanteur, le boulet est resté toujours à la même
distance du centre de la terre. S'il a été plus vite que
la rotation terrestre, c'est parce qu'il avait reçu une
impulsion qui le poussait en avant.

Eh bien! cette force d'impulsion qui lui a été communiquée par un choc violent, comme l'explosion de
la poudre, le boulet de canon aurait eu le temps de
la recevoir, de l'acquérir, sans aucun choc, sans aucune violence, si, étant placé à la distance de la lune,
il avait commencé à tomber tout naturellement vers
la terre d'une hauteur de 86,000 lieues. Pour qu'il
en fût autrement, il faudrait concevoir une terre immobile ; alors, étant toujours attiré dans la même
direction verticale, le boulet tomberait toujours de
haut en bas, en glissant le long du lien qui le ratta-
cherait au centre de la terre et en accélérant sa vitesse
d'après la loi qui régit la chute des graves. Mais, avec
la terre qui tourne sur son axe en 24 heures, le lien
qui réunit la lune au centre du globe terrestre subit
un dérangement analogue, et proportionnel à la distance. En sorte que, même en supposant que la
lune vînt à s'arrêter tout à coup, les astronomes

ont tort de croire que notre satellite viendrait tomber
sur nous, dans un temps ou dans un autre. Dès le
début de la chute, la rotation de la terre ferait dévier
la lune de la direction verticale que cet astre suivrait
si la terre était immobile. Ce commencement de déviation engendrera un commencement de force impulsive qui ne tardera pas à augmenter, et il n'en
faudra pas plus pour empêcher la lune de tomber sur
nos têtes.

Dans le commencement, il est vrai, la lune, tombant encore plus qu'elle ne gravite, décrira une courbe
parabolique ; mais peu à peu les effets de la déviation,
effets incessants comme la rotation du globe terrestre, permettront à la force impulsive de prendre un
plus grand développement. Enfin, il arrivera de toute
nécessité un moment où l'impulsion acquise et la
force centrifuge, qui, de l'aveu des savants, augmente
dans des proportions plus grandes que la vitesse de
chute, feront enfin équilibre à cette dernière. Alors
la chute de pesanteur se changera en une chute de
gravitation. Cessant de tomber lourdement comme
une pierre, la lune redeviendra ce qu'elle est, ce
qu'elle a toujours été, de mémoire d'homme : un
astre paisible qui se promène majestucusement au-
dessus de nos têtes.

Ne nous effrayons donc pas des prophéties par
trop sinistres des astronomes de l'école. Tant que la
terre continuera à tourner sur son axe, la lune ne

4

parviendra pas à nous atteindre. La rotation des astres est à la fois une *défense naturelle* qui les met à l'abri des attaques du dehors et une *force motrice* qui leur permet de faire tourner des corps auxiliaires autour de leur centre. La Providence a bien fait tout ce qu'elle a fait ; mieux que les autres, les savants devraient le comprendre.

CHAPITRE VI.

Inutilité de l'impulsion primitive.

La lune des géomètres est soumise à une force attractive dont l'intensité varie dans des proportions assez considérables pour que, dans un même intervalle de temps, la chute soit tantôt de 1 millimètre seulement et tantôt de 1,231 mètres. Dans ces conditions on ne voit pas trop à quoi peut servir l'impulsion primitive, qui devient quelque chose de superflu et sans aucune raison d'être. Si nous en parlons, c'est parce que les savants tiennent à l'impulsion primitive presque autant qu'à la prunelle de leurs yeux, et que, pour les savants, l'existence de l'impulsion primitive est beaucoup plus certaine que l'existence de la lune.

Cette fois encore, malgré l'attrait irrésistible qui les porte à tout mesurer, les géomètres ont oublié de prendre la mesure de cette impulsion primitive, qui serait cependant une chose mesurable, si elle existait. Il est vrai que, si elle n'existe pas, les géomètres doivent avoir beaucoup de peine à la mesurer; et c'est pour cela, sans doute, qu'ils n'ont pas encore entrepris, jusqu'à ce jour, une tâche que nous ne nous chargerons pas de remplir à leur place. Nous aurions d'autant plus mauvaise grâce à chasser sur leurs terres, qu'il n'y a pas besoin d'avoir recours à des calculs bien savants pour s'expliquer comment la lune gravite autour de la terre sans le secours de l'impulsion primitive des géomètres. Une image fort simple le fera comprendre.

Quelles que soient son origine et sa nature, le lien attractif qui unit la lune à la terre peut être comparé à un lien élastique dont l'extrémité inférieure est attachée au centre de la terre. Si donc la terre tourne sur son axe, le lien tournera aussi, et, en tournant, il fera tourner la lune. Seulement, comme le lien est élastique, la lune doit tantôt se rapprocher un peu plus, tantôt s'éloigner un peu plus, du centre de la terre, suivant le degré de force centrifuge qui se développe dans le moment. C'est en effet ce qui arrive : le mouvement de translation de la lune s'accomplit dans le même sens que le mouvement de la rotation terrestre; les plus grandes variations qui s'observent dans la distance de la lune sont d'environ un septième, et la vitesse de sa marche varie dans des proportions analogues.

« Mais, diront peut-être les savants, il n'y a rien

de bien nouveau dans votre découverte ; c'est l'exemple d'une pierre au bout d'une fronde, exemple aussi vieux que le monde, et dont les astronomes de l'école se servent quelquefois eux-mêmes. »

Oui, mais sans le comprendre ; nous allons le prouver. Dans l'exemple de la fronde, la pierre n'est retenue que par un lien brutal, qui la fait tourner contre toutes les lois de la pesanteur. Aussi, la pierre s'échappe-t-elle avec violence dès que la corde vient à se rompre. Ce que voyant, les astronomes s'imaginent qu'il en est de même pour la lune, et ils supposent que, semblable à une pierre dans une fronde, notre satellite fait des efforts inouïs pour rompre la corde qui le retient et pour s'échapper.

Là est l'erreur : le lien qui existe entre la lune et la terre est un attrait mutuel, c'est un lien de convenance, un lien *d'affection* partagé par les deux corps. Loin d'être contrarié par les lois de la pesanteur, comme dans l'exemple de la fronde, ce lien est le produit même des lois de la pesanteur. Il est la résultante de toutes les forces composantes qui sollicitent la lune à se rapprocher de la terre, et réciproquement. Si la lune est dans l'impossibilité de venir à nous, c'est parce que le lien attractif est incessamment en mouvement autour du centre de la terre, par suite de la rotation du globe terrestre. Et alors, au lieu de tomber verticalement, la lune tombe horizontalement ; au lieu de tomber enfin, elle gravite. Si elle tombait verti-calement, sa chute s'accélérerait sans cesse, suivant la loi de Galilée ; tandis que, tombant horizontale-ment, elle s'avance avec une vitesse encore un peu variable, il est vrai, mais infiniment moins variable, ainsi que nos yeux nous le font voir. Dans le mou-vement de la pierre autour de la main du frondeur, la force d'impulsion est toute mécanique, elle est toute de violence, et voilà pourquoi il y a un si grand antagonisme entre la pierre et le lien brutal qui la retient. Dans le mouvement de la lune autour de la terre, l'impulsion n'est que la suite du dérangement incessant d'un lien attractif qui, loin d'avoir rien de violent, rien de mécanique, ou de contraire aux ten-dances de la pesanteur, n'est lui-même que la consé-quence de cette grande loi de la nature, et qui doit, pour cette raison, être considéré comme un lien phy-sique, tout d'attrait et tout d'affection. Voilà pour-quoi il y a si peu d'antagonisme entre la lune et le lien qui la retient, car on ne saurait voir quelque chose d'hostile dans l'élasticité de ces petits mou-vements en plus ou en moins qui font que tour à tour la lune se rapproche ou s'éloigne un peu de la terre.

A ce point de vue, non-seulement tout antago-nisme cesse entre la force centrale et la force centri-fuge ; mais l'impulsion primitive n'est plus qu'une hypothèse inutile, pour ne pas dire un contre-sens manifeste. Une impulsion est indispensable pour faire mouvoir une pierre autour de ma main, parce que, au lieu d'être attirée par ma main, la pierre est attirée par le globe terrestre dont la puissance demande à être combattue par une force mécanique quelconque. S'ensuit-il qu'une impulsion primitive, c'est-à-dire une impulsion mécanique et indépendante de l'attraction, soit également indispensable pour faire tourner la lune autour du globe terrestre? Non, car il n'y a aucun rapport entre ces deux genres de mouvement. La terre attire la lune, et, de plus, la terre tourne sur son axe, il n'en faut pas plus pour expliquer la gravitation de la lune autour de nous.

De même encore, dans le mouvement de la fronde, si bien compris par Descartes, la force centrifuge se développe comme le carré de la vitesse. Est-ce à dire que, dans la gravitation des astres, la force centrifuge se développe aussi comme le carré de la vitesse? Non, assurément, car il est matériellement impossible que les effets soient identiquement les mêmes dans deux genres de mouvements produits par deux causes si différentes.

Les savants de l'école ne sont donc pas plus heureux dans l'interprétation des lois trouvées par Descartes que dans l'interprétation des lois trouvées par Galilée. Après ça, ont-ils mieux interprété Képler? Nous verrons plus tard.

CHAPITRE VII.

Parallélogramme des forces.

Aussi bien que l'expérience du boulet de canon, la loi du parallélogramme des forces s'élève contre la théorie des géomètres. Rappelons d'abord au lecteur ce que c'est que le parallélogramme des forces.

Quand un corps est sollicité simultanément par deux forces contraires qui le poussent ou qui le tirent dans deux directions différentes et formant, par conséquent, un angle entre elles, les lois de la mécanique, d'accord avec le bon sens et avec l'expérience, démontrent que le corps ne pourra obéir exclusivement ni à l'une ni à l'autre des deux forces contraires, mais qu'il sera forcé de subir leur action commune. En sorte que le mobile suivra une direction intermédiaire, qui sera la direction mêmè de la résultante des deux forces composantes qui le sollicitent chacune séparément. Toute force ayant une intensité, une grandeur quelconque, on peut toujours la représenter par une ligne et par un nombre. C'est ce que fait la géométrie. Deux lignes qui sont entre elles comme les deux forces qu'elles représentent, viennent se rencontrer en un point mathématique qui figure lui-même le centre du mobile. Suivant la direction particulière des forces, ces deux lignes font tel ou tel angle entre elles, toutes les fois que les forces contraires ne tirent pas ou ne poussent pas dans le même alignement. Cela étant, pour trouver le chemin que suivra le mobile et la quantité de chemin qu'il fera en un temps donné, il suffit de construire sur les deux lignes connues un quadrilatère dont les côtés soient parallèles entre eux. Alors le chemin parcouru par le mobile, dans le temps donné, sera la diagonale qui traverse ce quadrilatère, en partant du point pris pour le centre du mobile. Dans cette construction géométrique, tout est rigoureusement déterminé : la grandeur des lignes mesure l'intensité des forces, dont la direction est indiquée par l'angle que font ces lignes entre elles. Ce qui fait que la résultante des deux forces composantes est immanquablement donnée par la diagonale du quadrilatère. Tel est, en peu de mots, ce que, dans le langage scientifique, on appelle *la loi du parallélogramme des forces.*

Essayons maintenant d'appliquer cette loi aux deux forces séparées qui, suivant les géomètres, sollicitent simultanément la lune. La force attractive sera représentée, sinon dans son essence, du moins dans son effet, par une ligne droite grande comme 1 millimètre, tandis que la force impulsive sera représentée par une autre ligne droite grande comme 800 mètres. Quand la lune sera le plus loin de la terre, ou quand elle en sera le plus près, les deux droites seront perpendiculaires l'une sur l'autre, parce que, étant alors directement opposées, les deux forces formeront un angle droit entre elles. Achevons donc le parallélogramme en abaissant deux autres droites, l'une grande comme 1 millimètre et l'autre grande comme 800 mètres, et dans des conditions telles que les deux petites lignes et les deux grandes lignes soient parallèles entre elles. De l'extrémité supérieure de ce parallélogramme, extrémité qui marque le point de départ de la lune, à l'extrémité inférieure, qui marquera son point d'arrivée, faisons passer une diagonale. Cette diagonale sera la corde d'un arc qui lui-même n'est pas autre chose que le chemin qui a été parcouru par la lune pendant une seconde de temps.

Eh bien, nous le demandons aux savants eux-mêmes, quelle différence peut-il y avoir entre la diagonale que nous obtenons ainsi, et la ligne droite qu'eût suivie la lune si elle n'avait obéi qu'à l'action de la force impulsive? Deux droites de 800 mètres chacune, et dont l'une n'est inclinée que d'un millimètre sur l'autre, ne sont-elles pas sensiblement deux droites parallèles? Ne sont-elles pas enfin une

seule et même droite au point de vue du parallélogramme des forces? Si donc il pouvait jamais arriver
qu'elle se trouvât ainsi placée entre deux forces rivales
dont l'une, la force impulsive, serait huit cent mille
fois plus puissante que l'autre, la lune ne saurait
faire autrement que de s'échapper en ligne droite par
la tangente.

Mais la force attractive de la terre, telle que la conçoivent les géomètres de l'école, ne reste pas toujours aussi petite. Pendant la deuxième seconde, la
lune des savants tombe de 3 millimètres. Et alors
on aurait une nouvelle diagonale qui serait inclinée
de 3 millimètres sur 800 mètres. Cette fois encore,
la résultante est sensiblement parallèle à la force
impulsive, et la force attractive n'étant rien ou presque rien, la lune est libre de se sauver à travers
champs.

Pendant la troisième seconde, l'inclinaison est de
5 millimètres sur 800 mètres, puis de 7 millimètres,
de 9, de 11, de 13, de 15, de 17, de 19 millimètres sur 800 mètres pendant les secondes suivantes, et enfin de 119 millimètres pendant la soixantième seconde, au bout d'une minute. Une résultante
inclinée de 119 millimètres sur la droite de 800 mètres, qui représente la force impulsive, c'est encore
une résultante qui se confond avec la force impulsive, et qui ne laisse rien ou presque rien pour la
part de la force attractive. Etant toujours beaucoup

plus poussée que retenue, la lune doit donc conti-
nuer à ne pas prendre au sérieux le *parallélogramme*
des forces dans lequel les savants de l'école ont la
naïveté de vouloir l'emprisonner.

Posant la question d'une autre manière, les savants diront-ils qu'au bout de 60 secondes, la somme
des inclinaisons est de 3,600 millimètres, qui font
3 mètres 6 dixièmes? Soit ; mais en 60 secondes
aussi, la somme du chemin que la lune, sous la seule
action de la force impulsive, eût parcouru en ligne
droite, est de 60 fois 800 mètres, qui font 48,000 mètres, ou 12 lieues. Dans ces nouvelles conditions, qui
sont les plus favorables pour les géomètres, on obtient un parallélogramme dont la diagonale est inclinée de 3 mètres 6 dixièmes sur 48,000 mètres.
Deux droites d'environ 12 lieues, et qui ne sont in-
clinées l'une sur l'autre que de 3 mètres 6 dixièmes,
ressemblent encore beaucoup à deux lignes parallèles. La force impulsive est *seize mille fois* plus grande
que la force attractive. Au bout d'une minute, comme
au bout d'une seconde, la lune a donc le droit de
rire à gorges chaudes des vains efforts que font les
savants pour la tenir emboîtée dans le parallélogramme de leurs forces.

Et ce n'est pas pendant quelques minutes seulement qu'il en est ainsi, c'est pendant plusieurs jours.
Après cela, par exemple, la force attractive prend le
dessus, et à ce point qu'au bout d'une semaine elle

est devenue assez grande pour faire tomber la lune de 1,231 mètres à la seconde, tandis que la force impulsive ne la sollicite toujours qu'à s'avancer de 800 mètres, en ligne droite pendant le même intervalle de temps. Si bien qu'alors la situation se retourne, et que, dans les nouveaux parallélogrammes que l'on construit avec les deux lignes qui représentent les deux forces, on trouve pour résultante une diagonale qui menace de conduire la lune droit sur la surface de la terre. Nouvelle diagonale qui ne doit pas moins que les autres égayer la lune aux dépens des géomètres de l'école.

Quelles que soient les dispositions de la lune à l'égard des savants, il est prouvé par ce qui précède que leur théorie est, à tous les points de vue, en contradiction flagrante avec la loi du parallélogramme des forces; loi sérieuse, sans cesse confirmée par l'expérience, et qui joue un si grand rôle dans la mécanique.

Et cependant c'est sur cette loi même que les savants s'appuient pour démontrer le jeu des deux forces rivales qui, suivant eux, font mouvoir la lune dans son orbite. Comment s'y prennent-ils donc pour arriver à leur but? Oh! mon Dieu, ils s'y prennent de la façon la plus commode. Pour représenter les deux forces contraires, ils abaissent les deux premières droites venues avec une nonchalance pleine de grâce, et sur ces deux droites, ils construisent le quadrilatère le plus galant. Ils arrivent ainsi à se dessiner une série de diagonales qui figurent la corde d'autant de petits arcs, lesquels, ajoutés les uns au bout des autres, finissent par former une courbe elliptique. Quant au rapport exact des deux lignes qui représentent les deux forces contraires, c'est un détail dont ne s'occupent pas les géomètres, hommes d'exactitude s'il en fut. Ordinairement, ils prennent pour unité la droite qui représente la force attractive, et ils font deux fois plus grande la droite qui représente la force impulsive. De cette façon, mais de cette façon seulement, ils peuvent construire une courbe elliptique et reproduire des surfaces égales dans les triangles successifs qui sont formés par la marche du rayon vecteur. Si les géomètres augmentaient un peu plus la mesure de la force impulsive, ils déformeraient immédiatement l'ellipse, et ils ne seraient plus dans les conditions voulues pour l'égalité des surfaces. Deux droites, l'une grande comme 1, l'autre grande comme 2; tels sont donc les éléments que, dans toutes leurs démonstrations, les géomètres emploient avec beaucoup d'ingéniosité pour dépeindre le jeu de la force attractive et de la force impulsive.

Mais, diront tous les lecteurs de bonne foi, ce n'est pas ainsi qu'il faut construire le parallélogramme des forces dans cette circonstance. Puisque les géomètres ont à trouver la résultante de deux forces qu'ils don-

nent eux-mêmes, il faut que les deux lignes représentatives soient entre elles comme les deux forces
qu'elles représentent. De combien l'impulsion toute
seule ferait-elle avancer la lune en ligne droite pendant 1 seconde? De 800 mètres, si la lune est réellement à 86,000 lieues de la terre. De combien l'attraction toute seule ferait-elle tomber la lune pendant 1 seconde? De 1 millimètre, si les savants ne se trompent
pas. D'où il suit que les deux lignes représentatives
doivent être entre elles comme 1 et 800,000. Les deux
droites dont se servent les géomètres, et qui sont entre
elles comme 1 et 2, supposent un rapport purement
arbitraire qui est loin de ressembler à 1 et 800,000;
et il est évident que la résultante qui s'en déduit est
une résultante non moins arbitraire, qui ne prouve
absolument rien du tout, si ce n'est le sans-façon des
géomètres dans le maniement des chiffres.

A cela, les géomètres vous répondront que le rapport de 1 à 2 étant le seul qui se prête à la construction de l'ellipse, ils sont bien obligés de s'en servir.
En effet, le rapport de 1 à 800,000 serait loin de fournir les éléments d'une courbe elliptique!... Et c'est
ainsi que procèdent des hommes sérieux, ayant affaire
à la géométrie, qui est la plus exacte de toutes les
sciences : ils remplacent un rapport de 1 à 800,000
par un rapport de 1 à 2, et tout est dit, le tour est
fait! Si la preuve ne s'en trouvait pas dans les figures
qui ornent tous les ouvrages des astronomes, on ne

voudrait pas le croire. Cela est cependant, il n'y a pas un professeur qui, à l'occasion, ne fasse cette démonstration au tableau devant les élèves, dans tous les collèges, dans toutes les écoles supérieures, à l'École normale et à l'École polytechnique, à la Sorbonne et au Collége de France, comme ailleurs.

La première dupe, c'est le professeur lui-même, qui croit démontrer une chose et qui ne s'aperçoit pas qu'il en démontre une autre. Que veut-il démontrer en effet? Il veut démontrer que, sous la double action d'une force attractive et d'une force impulsive *dont la mesure est donnée par la science*, la lune ou la terre décrit une ellipse autour d'un centre attractif. Que démontre-t-il réellement? Il démontre que sous la double action d'une force attractive grande comme 1 et d'une force impulsive grande comme 2, un astre quelconque décrirait une ellipse autour d'un centre attractif. Dans ces dernières conditions, qui ne sont vraies ni pour la lune, ni pour la terre, ni pour aucune autre planète, la démonstration est acceptable, en tant que démonstration abstraite; les élèves s'en contentent, le professeur se croit un grand homme, et voilà comment se fait la science!

CHAPITRE VIII.

Origine de la formule newtonienne.

L'histoire de la découverte de la gravitation universelle a été racontée, en termes fort simples et
jusque dans ses moindres détails, par Pemberton,
contemporain et ami de Newton. Le narrateur était
bien renseigné, dans tout ce qu'il avance il n'y a
rien qui ne soit complétement d'accord avec ce que
Newton a dit lui-même. Voyons donc par quel ordre
d'idées, par quelle série de déductions, le géomètre
anglais fut amené à supposer d'abord et à se persuader ensuite que l'*attraction s'exerce en raison inverse
du carré des distances.*

Les premières idées qui donnèrent naissance au
livre des *Principes*, remontent à l'année **1666**. A
cette époque, les ravages de la peste contraignirent
Newton à quitter l'école de Cambridge, où il ensei-
gnait les mathématiques. Newton n'avait alors que
vingt-quatre ans, et voici le travail qui se fit dans sa

8

tête un jour que, se promenant tout seul dans un
jardin, il méditait sur les propriétés de la pesanteur.
« La pesanteur terrestre, se disait-il, ne diminue pas
» sensiblement quand on s'élève au sommet des plus
» hautes montagnes... Pourquoi son action ne s'é-
» tendrait-elle pas beaucoup plus loin? Pourquoi ne
» s'étendrait-elle pas jusqu'à la lune?... Mais, s'il en
» est ainsi, cette action doit modifier le mouvement
» de notre satellite, et alors c'est la pesanteur qui
» retient la lune dans son orbite. »

Pensée aussi simple que naturelle, qui avait déjà
été entrevue dans l'antiquité par les pythagoriciens,
et reproduite dans les temps modernes par Copernic, Tycho-Brahé, Galilée, Hooke, Fermat, et surtout par Képler, sous le nom de force centrale où
de force magnétique. Pensée moins vivante peut-être
que l'idée de magnétisme, mais facile à démontrer
comme la pesanteur, mesurable comme elle, et faisant voir pour la première fois l'existence d'un lien
intime entre la loi de la chute des graves découverte
par Galilée, et les lois du mouvement des astres découvertes par Képler!

Ceux qui savent ce que c'est que le travail de l'intelligence comprendront facilement la joie et l'enthousiasme que dut éprouver le jeune professeur qui
apercevait un horizon nouveau, et qui le voyait tout
d'abord avec la sagacité d'un géomètre, d'un physicien et d'un astronome.

Il n'en resta donc pas là. Quand on lit avec toute l'attention qu'il mérite le récit du narrateur anglais, on voit que Newton se fit immédiatement une objection fort naturelle, et qu'il comprit aussitôt le danger qu'il y aurait à ne considérer la lune que comme une pierre qui tombe. Il n'était d'ailleurs pas possible d'admettre que la lune pût descendre d'une si grande hauteur avec une vitesse de 5 mètres pendant la première seconde; vitesse suffisante pour lui faire parcourir en *deux heures* les 86,000 lieues qui la séparent de la terre. Et comme, dans son mouvement circulaire autour du globe, la lune doit nécessairement employer le quart d'un mois, environ 7 jours et demi, à descendre d'une hauteur égale à ces 86,000 lieues, Newton se mit à chercher comment pouvaient se passer les choses. En effet, voici ce que, d'après Pemberton, il continua à se dire :

« Quoique la force de la pesanteur ne soit pas sen-
» siblement affaiblie par un petit changement de
» distance, tel que nous pouvons l'éprouver ici-bas,
» il est très-possible que, dans l'éloignement où se
» trouve la lune, la pesanteur soit *considérablement*
» diminuée... Mais comment parvenir à estimer
» quelle peut être la quantité de cette diminu-
» tion?... »

Le meilleur moyen pour cela, c'était d'aller droit au fait et de comparer entre elles les différentes vitesses de la lune, qui ne varient jamais au delà d'une limite assez restreinte. L'observation a cet avantage qu'elle renferme la théorie dans un champ qui la met à l'abri des grands écarts. Ainsi eussent procédé, sans doute, Copernic, Galilée et Képler, praticiens consommés qui ne faisaient venir le calcul qu'après l'observation et pour en vérifier les résultats. Mathématicien avant tout, Newton crut arriver plus vite au but en employant un autre moyen, comme on va le voir par sa réponse à la question qu'il avait si bien posée :

« Si la lune est retenue dans son orbite par la » pesanteur terrestre, il est évident que la terre et les » autres planètes sont retenues autour du soleil par » une force analogue, c'est-à-dire par la pesanteur » solaire... Or, en comparant les périodes des diffé- » rentes planètes avec leurs distances au soleil, *on* » *trouve* que, si une force semblable à la gravité les » retient dans leurs orbites, cette force *doit* diminuer » en raison inverse du carré de la distance. »

En concluant ainsi, Newton se contentait d'une solution indirecte et par voie de conséquence, quand il était possible d'obtenir une solution directe par l'étude même du mouvement de la lune ; et de plus il cédait, en concluant, à ce genre d'attrait bien connu qui entraîne presque toujours les géomètres vers le côté merveilleux de la puissance des nombres. La conclusion, du reste, était d'autant plus séduisante que, dès le premier abord, elle semble ressortir de la troisième loi de Képler, ainsi conçue : Les *carrés* des temps sont entre eux comme les *cubes* des distances. On verra dans le chapitre suivant si la conclusion est rigouréuse; pour le moment, suivons la filière des idées. Il est donc bien constaté que déjà, dès l'origine, en abordant ce problème dans ce qu'il a de purement relatif à la lune, Newton part de cette hypothèse que la force de la pesanteur diminue en raison inverse du *carré* de la distance.

Dominé par cette pensée, il en chercha naturellement la preuve dans le calcul. Il se fit d'abord cette question : Étant donnée une pierre qui, de la distance où est la lune, tomberait en 7 jours 2 huitièmes sur la surface de la terre, avec quelle vitesse cette pierre commencerait-elle à tomber en 1 seconde? Interrogé par un homme aussi habile, le calcul répondit immédiatement : Une pareille pierre ne pourrait descendre que de 1 millimètre dans la première seconde de sa chute.

De ce fait qui était hors de doute, Newton tira cette conséquence que la lune tombe de 1 millimètre vers le centre de la terre en 1 seconde ; conséquence également hors de doute, si l'on suppose que la lune tombe à la manière des graves. Un fait aussi extraordinaire eût demandé à être prouvé d'une manière bien positive, et il est probable que Newton se proposait de le vérifier, lorsqu'il l'admit d'abord comme hypothèse et pour voir ce que seraient dans ce cas les résultats du calcul.

Comparant donc ce millimètre aux 5 mètres dont les corps graves tombent en 1 seconde à la surface de la terre, il trouva que ce millimètre est la trois mille six centième partie de 5 mètres, ou plus exactement de 3 mètres 6 dixièmes, quantité d'espace que parcourent les graves en 1 seconde sous le parallèle qui peut servir de moyenne.

La trois mille six centième partie !... Oh ! séduction nouvelle et plus grande que toutes les autres ! Le nombre 3,600 est précisément celui qui représente la seconde puissance, le *carré* du nombre 60 ; et ce nombre 60 indique lui-même combien de fois le rayon terrestre est contenu dans la distance de la terre à la lune. Le carré de 60, c'est 60 × 60, c'est 3,600. Et puisque le calcul avait démontré qu'à une distance 60 fois plus grande, la pesanteur terrestre devait faire tomber une pierre 3,600 fois moins vite qu'à la surface de la terre, il était évident que l'intensité de la pesanteur diminuait en raison inverse du *carré* de la distance.

Quoi de plus logique, en effet ! Joignez à cela que la lumière et la chaleur décroissent en raison inverse du *carré* de la distance ; que toutes les émanations sensibles paraissent en faire autant ; que, dans la chute des graves, les espaces parcourus sont comme les *carrés* des temps ; que l'attraction des aimants entre eux se manifeste dans des conditions analogues ; que, dans le mouvement des planètes, le *carré* du rayon, multiplié par l'arc parcouru, donne toujours un produit constant, sinon en réalité, du moins en apparence ; enfin, que les *carrés* des temps sont entre eux comme les *cubes* des distances. Et alors vous comprendrez comment un aussi grand géomètre, un aussi grand génie que Newton, séduit par tant d'apparences et par tant d'analogies, a pu se laisser conduire ainsi de séductions en séductions, de mirages en mirages, vers un piége où il devait fatalement tomber, et d'où serait impuissante à le tirer toute la supériorité de sa raison sans cesse aux prises avec les artifices du calcul !

Rappelons-nous, en outre, qu'en Angleterre et en Allemagne les savants accueillirent la nouvelle formule avec transport ; formule qui était pour ainsi dire dans l'air à cette époque, car trois mathématiciens célèbres, Halley, Hooke et Wren, passent pour l'avoir trouvée aussi, chacun séparément, et à peu près en même temps que Newton. N'oublions pas enfin que, si la formule était contredite par les faits, il n'en était pas de même pour la découverte de la gravitation universelle, vérité incontestable, vérité immense, qui allait remplacer le système trop exclusif des tourbillons, et faire accepter enfin les trois grandes lois de Képler qui sont la clef de voûte de l'astronomie. Et tant de raisons réunies nous feront admettre sans surprise qu'une hypothèse complétement fausse, mais basée sur de si nombreuses analogies et sur de si savants calculs, ait pu se glisser comme un détail de peu d'importance dans l'ensemble d'une aussi vaste conception.

Mais ce qui est plus difficile à comprendre, c'est qu'en France, où le bon sens national et les sarcasmes spirituels des cartésiens empêchèrent, pendant plus d'un demi-siècle, la formule newtonienne de prendre racine, les astronomes n'aient pas fini par apercevoir le défaut qui déparait encore la théorie de la gravitation universelle, eux qui n'avaient pour excuse ni l'exaltation de la découverte, ni l'ivresse du triomphe. Avertis par les protestations de l'esprit français, ils pouvaient, ils devaient perfectionner la théorie de Newton en la débarrassant d'un accessoire qui est en désaccord avec les faits naturels. C'était une bonne fortune pour eux et pour la France, qui leur en aurait su gré. Au lieu de cela, qu'ont-ils fait? Ils ont tout accepté, parce que les cartésiens ne voulaient rien admettre ; et, une fois victorieux, ils ont dépensé des trésors de science à défendre les derniers ce que déjà depuis longtemps des esprits plus clairvoyants avaient attaqué en Allemagne et même en Angleterre. Pendant plus d'un siècle, nos savants ont marqué le pas, et ils se sont crus des héros parce qu'ils n'allaient point en arrière.

CHAPITRE IX.

Preuve mathématique.

Après avoir montré combien la théorie de l'école est en révolte contre la raison et contre l'expérience, il nous reste à prouver mathématiquement tout ce qu'il y a de faux dans la base même sur laquelle repose cette théorie. Non, il n'est pas exact de dire que *l'attraction s'exerce en raison inverse du carré des distances*, car, pour une même planète, la force motrice du soleil diminue purement et simplement comme la distance augmente. Cet énoncé nouveau, en opposition complète avec la formule de Newton, paraîtra d'une grande témérité sans doute, et son audace ne manquera pas de faire crier au scandale tous les fanatiques de l'école. Mais il y a des circonstances où il faut avoir le courage de contredire même un grand homme, et où il serait honteux de ne pas oser affronter la colère de ses disciples : c'est quand on sait qu'une chose est vraie et que l'on se croit en mesure de le prouver.

Les mathématiques ont cela d'admirable que, si elles peuvent quelquefois abuser les plus beaux esprits, il arrive toujours un moment où leur logique inflexible, souveraine absolue de toutes les intelligences, fait trouver à celui-ci ou à celui-là, peu importe lequel, la trace mystérieuse d'une erreur qui avait été prise pour la vérité par les plus forts, et acceptée comme telle par plusieurs générations d'érudits. En mathématiques, il n'y a pas de *Routes Royales*, a dit Euclide à un prince de la terre, qui revendiquait les avantages du privilége de la naissance. Et le géomètre grec parlait à la fois en homme de cœur et en philosophe, car, dans les sciences exactes, il n'existe qu'un seul chemin, celui de la raison, qui puisse conduire l'homme à la découverte de l'inconnu. Mais, s'il en est ainsi, les savants doivent reconnaître à leur tour que, sur le terrain des mathématiques, il n'y a pas plus de *Routes Royales* pour eux que pour les autres princes de la terre. Avec ou sans le privilége de la naissance, le mot d'Euclide est vrai pour tout le monde.

Sans perdre le temps à démontrer cela, mettons-nous donc à l'étude d'un problème qui, suivant nous, a été mal résolu jusqu'à ce jour, et dont la solution cependant est d'un si haut intérêt pour l'astronomie. Non-seulement les géomètres de l'école se trompent, quand ils tirent de la troisième loi de Képler cette conséquence forcée que l'attraction s'exerce en raison

inverse du *carré* des distances, mais ils ne s'aperçoivent pas que la preuve du contraire ressort directement de la seconde loi de ce grand astronome.
Dans une autre *Notice*, le lecteur trouvera une analyse complète, et peu difficile à comprendre, des trois
lois de Képler ; pour le moment, on peut s'en tenir
à quelques éclaircissements indispensables.

Que dit la troisième loi, sur laquelle se fonde la
théorie de l'école ? *Les carrés des temps des planètes
sont entre eux comme les cubes de leurs distances.*

Faisons bien comprendre cette vérité par un exemple. Jupiter met presque **12** fois plus de temps que
nous à accomplir sa révolution autour du soleil, dont
il est environ **5** fois plus éloigné. Le temps de Jupiter
est donc **12** fois plus grand que le temps de la terre,
tandis que sa distance n'est que **5** fois plus grande
que la nôtre. Eh bien ! si l'on prend d'une part le
carré du temps de la terre, et d'autre part le carré du
temps de Jupiter ; en d'autres termes, si l'on multiplie une fois par eux-mêmes les 365 jours **1** quart
dont se compose notre année, et si l'on multiplie
également une fois par eux-mêmes les **4,332** jours
1 quart que renferme l'année de Jupiter, on
trouve, en comparant ces deux produits (133,317 et
18,767,307), que le premier, carré du temps de la
terre, est au second, carré du temps de Jupiter,
comme **1** est à **141**.

De même, si l'on prend d'une part le cube de la

distance de la terre, et d'autre part le cube de la distance de Jupiter; c'est-à-dire, si l'on multiplie deux fois par eux-mêmes les 38 millions de lieues qui nous séparent du soleil, et si l'on multiplie également deux fois par eux-mêmes les 200 millions de lieues qui expriment l'éloignement de Jupiter, on trouve, en comparant ces deux nouveaux produits (55 sextillions et 8 septillions), que le premier, cube de la distance de la terre, est au second, cube de la distance de Jupiter, comme 1 est à 143. Dernier chiffre qui approche déjà beaucoup de 141, mais qui en approcherait encore davantage, si nous avions pris l'année sidérale pour base du calcul.

D'où il résulte que les *carrés* des temps, pour les deux planètes, sont entre eux comme les *cubes* des distances. On arrive à un résultat analogue, lorsque l'on compare les temps et les distances de toutes les autres planètes; et ce qu'il y a de vraiment curieux dans cette loi, c'est que, pour trouver la relation des différentes distances, il n'est même pas nécessaire de connaître le nombre de lieues qui sépare les planètes du soleil.

Même en faisant la part aussi grande que possible à toutes les chances d'erreur, il est donc manifeste qu'il existe réellement un rapport entre la vitesse et la distance de chaque planète. C'est en effet ce que Képler a si bien compris, et ce qui exaltait jusqu'à l'enthousiasme son admiration pour les œuvres de la

Providence. Mais, de ce que ce rapport existe entre la vitesse et la distance de chaque planète en particulier, était-on autorisé à conclure que l'attraction s'exerce en raison inverse du *carré* des distances ? Non, car s'il en était ainsi, Jupiter, qui est 5 fois plus éloigné que nous du soleil, ne devrait pas seulement mettre 12 fois plus de temps à tourner autour du soleil ; il devrait employer 25 fois plus de temps, car c'est 25 qui est le carré de 5, et non pas 12. Saturne, 9 fois plus éloigné que la terre, devrait employer 81 ans et non pas 30 ans ; car c'est 81, et non pas 30, qui est le carré de 9. Uranus, 19 fois plus éloigné, devrait employer 361 ans, et non pas 84 ans ; car c'est 361, et non pas 84, qui est le carré de 19.

C'est donc à tort que l'on voudrait faire sortir directement de la troisième loi de Képler une conséquence qui est contredite par des anomalies de cette nature. Pour expliquer ces anomalies, il faut introduire dans la question une foule d'éléments qui lui sont étrangers, faire jouer aux masses un rôle qui n'est pas le leur, recourir enfin à toutes sortes de ruses de calcul ; et tout cela sans arriver au but. C'est probablement ce qui aura empêché Képler de pousser plus loin les conséquences de sa sublime découverte, malgré tout ce qu'il y avait dans son esprit de tendance au merveilleux, comme aussi de puissance pour la généralisation des idées. C'est encore ce qui expliquerait pourquoi les partisans de la formule newto-

nienne sont obligés, pour défendre leur opinion, de
chercher un point d'appui dans la seconde loi de
Képler, en dehors de la troisième.

Que dit donc cette seconde loi ?

« *Les surfaces parcourues, en temps égaux, par les
rayons vecteurs des planètes, sont toujours égales entre
elles.* »

Roulant dans des orbites qui ne sont pas complétement circulaires, les planètes se trouvent tantôt
plus près et tantôt plus loin du soleil. Quand elles
sont plus près, elles vont plus vite ; quand elles sont
plus loin, elles vont plus lentement. D'où il suit que,
dans des temps égaux, en 1 seconde, par exemple,
les planètes décrivent des arcs inégaux, qui sont le
plus grands à l'époque du périhélie (*minimum* de
distance), et qui sont le plus petits à l'époque de
l'aphélie (*maximum* de distance). Mais, par une
de ces compensations admirables qui révèlent tout
ce qu'il y a d'harmonieux dans les ouvrages de la
nature, l'inégalité incessante des distances au soleil,
jointe à l'inégalité incessante des arcs parcourus, en-
gendre une égalité constante dans les surfaces que
décrit le rayon vecteur des planètes.

Si l'on suit, à différentes époques de l'année, mais
pendant un même intervalle de temps, la trace du
chemin que ferait dans l'espace une ligne droite
(un rayon vecteur) réunissant le centre de la planète
au centre du soleil, on obtient de la sorte une série

de triangles différents, dont les uns ont les côtés plus grands avec une base qui diminue, dont les autres ont les côtés plus petits avec une base qui augmente. Et la proportion dans laquelle varie simultanément la grandeur des côtés ou la grandeur de la base est ainsi réglée, que toujours on retrouve la même quantité, quand on mesure la surface de tous ces triangles. Le premier, Képler a eu la gloire de surprendre le secret de ce merveilleux accord, de cette sublime harmonie qui maintient l'équilibre du monde.

Voyons maintenant si cette loi de l'égalité des aires, uniquement basée sur l'observation et toujours confirmée par elle, va se prononcer pour ou contre la formule que les géomètres les plus célèbres nous donnent encore aujourd'hui comme la plus haute expression de la vérité, dans le domaine de la science astronomique. En d'autres termes, l'hypothèse d'une attraction dont l'intensité s'exercerait en raison inverse du carré des distances est-elle, oui ou non, une hypothèse qui puisse se concilier avec le fait incontestable de l'égalité des surfaces? A cette question, le bon sens du lecteur a déjà répondu négativement. Et, s'il en est ainsi, le bon sens du lecteur ne l'a pas trompé; car, par cela même que l'aire du triangle reste toujours identique, malgré les modifications de signe contraire qui ont lieu dans la distance et dans la vitesse, il faut nécessairement que la base du triangle augmente comme ses côtés diminuent, et *vice versâ* que la base diminue comme les côtés augmentent. D'où il suit qu'il y a une proportion simple, et non pas une proportion composée entre l'augmentation de la vitesse et la diminution de la distance. C'est ce que le calcul et l'analyse vont nous prouver d'une manière toute mathématique.

Commençons par examiner séparément les changements qui, dans les conditions ordinaires, seront produits, soit par l'augmentation de distance, soit par la diminution de vitesse. Ne considérant d'abord que l'augmentation de distance, nous trouvons que, pour une distance double, les côtés du triangle deviendront deux fois plus grands. Ne voyant ensuite que la diminution de vitesse, nous trouvons que, si la vitesse de la planète diminue de moitié, la base du triangle, représentée ici par l'arc parcouru en 1 seconde, sera deux fois plus petite. En effet, pour un même intervalle de temps, un corps qui se meut deux fois moins vite fait nécessairement deux fois moins de chemin. Si donc il était prouvé que la vitesse diminue de moitié quand la distance augmente du double, le problème serait résolu, car le ralentissement de la vitesse n'étant que l'effet de la diminution de la force attractive qui agit sur la planète, il s'ensuivrait que l'attraction diminue comme la distance augmente, et non pas dans une proportion plus grande que l'augmentation de la distance.

Mais ce qui est en question, c'est justement de sa-

voir dans quelle proportion diminuerait la vitesse d'une
planète, si sa distance devenait deux fois plus grande.
Suivant les géomètres de l'école, la vitesse deviendrait alors quatre fois plus petite, et non pas deux fois
plus petite. Dans ce cas, la formule newtonienne serait exacte, car 4 est bien le carré de 2 ; et si, pour
une distance double, la vitesse devenait quatre fois
moins forte, cela ne pourrait provenir que de ce que
l'attraction s'exercerait en raison inverse du *carré* des
distances. Tandis que si, pour une distance double,
la vitesse ne devient que deux fois plus faible, il est de
toute évidence que l'attraction diminue comme la
distance augmente, et, dans ce cas, la formule newtonienne serait fausse.

Ainsi donc, pour une distance double, la vitesse di-
minue-t-elle de la moitié ou du quart? Tel est, en dernière analyse, le fait qu'il s'agit de connaître, et dont
la connaissance renferme la solution du problème.

Mais comment arriver à la connaissance positive
d'un fait aussi délicat dans la pratique et qui, jusqu'à
ce jour, a mis en défaut la sagacité des observateurs
les plus expérimentés? C'est ce qui paraît fort difficile,
mais ce qui réellement ne l'est pas, grâce aux ressources du calcul. Il y a, dans la question, un élément connu qui va nous faire trouver celui que nous
cherchons, par les chiffres et avec une certitude absolue. Cet élément connu, c'est un fait, c'est le fait
même de l'égalité des surfaces, se reproduisant sans

6

cesse avec la même persévérance dans des temps
égaux.

Etant prouvé que, dans un même intervalle de
temps, les aires parcourues par les rayons vecteurs
des planètes sont toujours égales entre elles, nous
n'avons plus besoin, pour arriver à la découverte de
l'inconnu, que de soumettre successivement les deux
hypothèses à la pierre de touche du calcul. Celle qui
sera d'accord avec le fait de l'égalité des surfaces sera
la vérité; celle qui ne sera pas d'accord avec ce grand
fait sera l'erreur.

Eh bien! hâtons-nous de le dire, les chiffres donnent raison à l'hypothèse la plus simple qui se pré-
sentait naturellement à l'esprit, et ils donnent tort à
l'hypothèse la plus compliquée qui, par sa bizarrerie,
choquait tout d'abord le bon sens.

PREMIÈRE HYPOTHÈSE.

Supposons d'abord que, pour une distance double,
la vitesse devienne deux fois plus petite, et construi-
sons les deux triangles dont les surfaces doivent être
mesurées.

La construction du premier triangle, celui qui sert
de point de comparaison, est pour cela même tout
à fait arbitraire. Ce triangle avait ses deux côtés grands
comme 1,000, je suppose, et sa base grande comme 8.
Quelle sera la mesure de sa surface? La géométrie

élémentaire démontre que la surface d'un triangle est égale à sa base multipliée par la moitié de sa hauteur. Ici la base est 8, dont la moitié est 4, et la hauteur est 1,000. En effet, dans les limites d'une seconde, on peut considérer le triangle comme étant isocèle et comme ayant une hauteur égale à ses côtés. Multipliant 1,000 par 4, nous aurons donc 4,000 pour la mesure de la surface de ce premier triangle.

Formons maintenant le second triangle dont la construction ne saurait être arbitraire. Dans ce second triangle, nous connaissons déjà la grandeur des côtés qui sont représentés par la distance, laquelle a doublé. Donc les côtés, qui ont doublé aussi, sont devenus grands comme 1,000 × 2, c'est-à-dire comme 2,000. Et ce dernier chiffre nous donnera la mesure de la hauteur du second triangle, car, vu la petitesse de l'arc parcouru en 1 seconde, sa hauteur ne diffère pas sensiblement de l'étendue de ses côtés.

Il ne nous reste plus à trouver que la base, qui est précisément le point en litige. Quelle sera donc cette base ? Elle ne sera ni plus grande ni plus petite que la base qu'il faut à un triangle dont la hauteur est 2,000 pour que sa surface soit égale à 4,000, mesure de la surface du premier triangle qui sert de point de comparaison.

D'où il suit que la base à trouver est grande comme 4, car si nous multiplions 2,000, mesure de la hauteur du second triangle, par la moitié de 4 qui est 2, nous obtiendrons pour produit 4,000. Et ce chiffre nous donnera la mesure exacte de la surface du second triangle, car nous aurons multiplié sa hauteur par la moitié de sa base. Donc, pour que les deux surfaces soient égales entre elles, il faut absolument que la base du second triangle soit grande comme 4.

Mais, si nous avons bonne mémoire, la base du premier triangle était grande comme 8. Or, quelle est la moitié de 8? C'est 4, pour tous ceux qui n'admettent pas de *Routes Royales* en arithmétique. Et, comme 4 est la mesure de la base du second triangle dont la hauteur était 2,000, tandis que la hauteur du premier triangle n'était que 1,000, nous voilà bien assurés que, pour une distance double, la base ne diminue que de moitié.

Mais, à son tour, la vitesse n'a pu diminuer que de moitié, car, pour faire 4 lieues au lieu de 8 dans un même intervalle de temps, il faut aller moitié moins vite. D'où il suit que la vitesse devient deux fois plus petite, quand la distance est devenue deux fois plus grande.

Mais enfin, l'attraction elle-même n'a pu diminuer que de moitié, comme la base du triangle et comme la vitesse du mobile, puisque c'est la diminution de la force attractive qui, seule, a pu produire la dimution de la vitesse. Donc l'attraction devient deux fois plus petite, quand la distance est devenue deux fois plus grande.

Est-ce assez clair? Est-ce assez rigoureusement démontré? Et après cela, les géomètres de l'école oseront-ils encore soutenir que l'attraction s'exerce en raison inverse du carré de la distance? S'ils persistaient dans leur aveuglement, nous serions obligé d'insister sur les conséquences plus que ridicules de la seconde hypothèse.

SECONDE HYPOTHÈSE.

Le premier triangle, celui qui sert de point de comparaison, a toujours ses côtés grands comme 1,000, sa base grande comme 8, et sa surface grande comme 4,000.

Supposons donc avec les géomètres de l'école que, pour une distance double, la vitesse devienne quatre fois plus petite, et voyons quels éléments cette hypothèse va nous fournir pour la construction du second triangle.

Allant 4 fois moins vite, la planète fera 4 fois moins de chemin dans le même temps, et l'arc parcouru sera par conséquent 4 fois plus petit. D'où il suit que la base du second triangle ne sera plus grande que comme 2; car 2 est le quart de 8, mesure de la base du premier triangle, et, dans l'espèce, la base ou l'arc parcouru, c'est la même chose.

Quant aux deux côtés, nous les connaissons déjà : ils sont grands comme 2,000, puisqu'ils ont doublé avec la distance qui d'abord n'était que 1,000. D'où il résulte que la hauteur, égale à l'étendue des côtés, est également grande comme 2,000.

Il ne reste plus à connaître que la mesure de la surface, que nous allons obtenir en multipliant la base par la moitié de la hauteur, c'est-à-dire en multipliant 2,000 par la moitié de 2, qui est 1.

Or, 2,000 × 1 = 2,000. D'où il résulte que la surface du second triangle est grande comme 2,000.

Mais la surface du premier était grande comme 4,000! Pour que les aires des deux triangles fussent égales, il faudrait donc que 2,000 fût égal à 4,000; ce qui est matériellement faux, même pour les partisans les plus exagérés *du privilége de la naissance.*

Cette fois encore, l'éloquence des chiffres proteste contre l'hypothèse des géomètres de l'école, et la fait tomber au rang de ces erreurs qui n'ont plus qu'un seul avantage, celui d'avoir duré longtemps. De deux choses l'une : ou la vitesse devient quatre fois plus petite pour une distance double, et alors l'égalité des aires n'existe plus; ou bien l'inégalité des aires existe, et alors, pour une distance double, la vitesse ne devient pas quatre fois plus petite. Il n'y aurait pas de médaille d'or assez grande pour le géomètre qui trouverait le moyen de sortir de ce dilemme. Et ce qu'il y a de plus curieux, c'est que les astronomes de l'école ne voient pas qu'ils avancent deux choses com-

plétement inconciliables, et qu'ils se réfutent eux-
mêmes en disant : d'une part, que l'attraction s'exerce
en raison. inverse du *carré* des distances ; et d'une
autre part, que les surfaces parcourues par les rayons
vecteurs des planètes sont *proportionnelles* au temps.
Ils ne voient pas enfin que si la seconde loi de Képler est vraie, la formule de Newton ne saurait
l'être ; car, encore une fois, il est impossible que les
deux surfaces soient égales, si la vitesse ne diminue
que du quart au moment où il faut qu'elle diminue
de la moitié. A quoi bon tant de science, si c'est pour
ne pas apercevoir des choses aussi simples ! A quoi
bon de si hautes prétentions à l'infaillibilité, si c'est
pour ne pas comprendre que l'on tire du même fait
deux conséquences contradictoires, dont l'une vient
immédiatement détruire l'autre !

Deux triangles que l'on dit, que l'on croit égaux
en surface, et dont les surfaces sont entre elles comme
4,000 est à 2,000 : voilà encore, après tant d'autres,
une de ces énormités auxquelles sont conduits des
hommes d'un grand savoir dans la méthode, toute
d'abstraction, qui est en faveur aujourd'hui et que
l'on décore modestement du nom de méthode trans-
cendantale. Eh ! de grâce, messieurs, un peu moins
de *transcendantalisme* et un peu plus de bon sens ! La
science n'y perdra rien, et tout le monde y gagnera
quelque chose. Alors, il est vrai, le *vulgaire* finirait
par comprendre les savants ; mais où serait le grand

mal, après tout? Les savants finiraient peut-être aussi par se comprendre eux-mêmes.

Quant à nous, il nous sera impossible de croire que l'attraction diminue en raison inverse du carré des distances, tant que les géomètres de l'école ne nous auront pas démontré comment un triangle, dont la hauteur est grande comme 2,000 et la base grande comme 2, pourrait avoir une surface égale à la surface d'un triangle dont la hauteur est grande comme 1,000 et la base grande comme 8.

Que nous fait voir l'observation? L'observation nous démontre que l'étendue des surfaces parcourues par le rayon vecteur reste toujours la même, quelles que soient, d'ailleurs, les variations qui se produisent simultanément dans la grandeur des arcs et dans la grandeur des côtés. En sorte que la quantité dont les arcs diminuent est toujours compensée par la quantité dont les côtés augmentent; et réciproquement, la quantité dont les arcs augmentent est toujours compensée par la quantité dont les côtés diminuent. Ce qui implique deux quantités de signe contraire, mais reliées entre elles par une proportionnalité constante et indissoluble.

Pour que l'attraction pût diminuer en raison inverse du carré des distances, il faudrait donc supposer que les côtés du triangle pussent diminuer aussi en raison inverse du carré de la distance. Supposition absurde, puisque les côtés des triangles sont formés par la distance elle-même, et que la distance est prise pour point de comparaison dans la formule au moyen de laquelle on veut prouver que l'attraction s'exerce en raison inverse du carré des distances. Supposition plus qu'absurde enfin et vraiment impossible, car les variations successives qui s'observent dans le diamètre apparent du soleil ou de la lune ne permettent pas d'admettre que la distance augmente ou diminue comme le carré des temps écoulés, ce qui devrait avoir lieu dans l'hypothèse.

Il est donc mathématiquement prouvé que la formule newtonienne est fausse.

Et c'est la fausseté de cette formule qui a jeté les astronomes de l'école dans une voie malheureuse où ils devaient entasser contradictions sur contradictions, énormités sur énormités, et se mettre en révolte ouverte contre la nature et contre le bon sens.

Après avoir prouvé que l'erreur existe, il nous reste à indiquer, au moins en quelques mots, pourquoi l'erreur existe. Deux distances angulaires qui ne sont pas les *mêmes* et qu'ils mesurent sur le *même* angle au centre : telle est l'origine de la faute qui a été commise par les savants et qui les a empêchés de faire une réduction proportionnelle à l'augmentation de la distance ; réduction indispensable après laquelle reparaît l'égalité des surfaces. C'est ce qui sera démontré géométriquement dans la seconde *Notice*, avec le secours d'une figure dont les lignes feront voir aux plus récalcitrants que l'erreur ne repose que sur une fausse apparence, et qu'il était impossible de ne pas se tromper avant d'avoir découvert le piége.

Chose bizarre ! les savants ont mérité dans cette circonstance le reproche qu'ils adressent si souvent au commun des mortels : au lieu de voir la réalité, ils n'en ont vu que le fantôme. En d'autres termes, ils ont lâché la *proie* pour l'*ombre*.

CHAPITRE X.

Les savants.

Résumons d'abord cette première *Notice* en deux mots. La lune, telle que la conçoivent les savants de l'école, est une de ces rêveries sans nom qui ne supportent pas l'examen et qui feraient presque douter de la raison humaine, si l'on oubliait qu'il n'y a pas de limite aux extravagances de tout genre dans lesquelles l'esprit de système n'a que trop souvent jeté les hommes.

Une lune *huit cent mille fois* plus poussée que retenue... C'est quelque chose de si extraordinaire, qu'on est tenté de croire fou celui qui suppose que des mathématiciens aient pu avoir une idée semblable. Qui veut trop prouver ne prouve rien, diront les savants, et jamais on ne les fera convenir que la lune de leur invention soit *huit cent mille fois* plus poussée que retenue.

Et cependant nous n'avons rien exagéré, rien inventé. Tous nos calculs sont faits avec les chiffres des savants, que nous avons reproduits tels quels, sans y rien changer, mais en usant d'un droit qui appartient à tout le monde, le droit de comparer entre eux deux ordres de chiffres qui devraient se faire équilibre et qui hurlent de se voir accouplés ensemble.

Mais comment un rapprochement aussi simple a-t-il pu échapper à des hommes que l'on n'accusera certes pas d'être ignorants dans la science du calcul? Nous en avons déjà donné la raison; en tout cas, ce serait l'affaire des savants, et non pas la nôtre, de dire pourquoi ils n'ont pas fait une comparaison toute naturelle, qu'il fallait nécessairement faire, et qui les eût mis en garde contre des hypothèses injurieuses pour le bon sens. Ce n'est malheureusement pas la première fois que le besoin de dogmatiser a causé des distractions de ce genre et jeté dans l'aveuglement le plus complet des hommes d'un très-grand mérite d'ailleurs, mais vivant trop dans le monde abstrait.

En beaucoup de choses, les savants voient juste, et alors on ne peut qu'admirer tout ce qu'il y a de précision dans leur intelligence; dans quelques autres questions, ils se trompent, et alors on les voit user toutes les ressources de leur science à se persuader qu'ils ne se sont pas trompés. Dans cette voie, plus on est savant, plus on est exposé à prendre le faux pour le vrai et à prolonger involontairement le règne de l'erreur. C'est ce qui explique comment, dans certains cas, on peut laisser passer sans les voir des énormités grosses comme des maisons, tout en faisant preuve de sagacité dans d'autres circonstances.

Ainsi, pour ne citer qu'un exemple, les astronomes de l'école en sont arrivés à prédire les éclipses de lune et de soleil avec une précision telle, que si, par aventure, il y a un retard ou une avance, l'erreur ne dépasse jamais quelques secondes. Ce qui n'empêche pas les astronomes d'admettre que la lune obéit à deux forces rivales, dont l'une est *huit cent mille fois* plus petite que l'autre, et de supposer que la terre est également soumise à l'action simultanée de deux forces dont la première est *neuf millions de fois* plus faible que la seconde. Comment comprendre tant d'exactitude sur un point et tant d'inexactitude sur l'autre? En établissant une distinction bien nette entre deux sortes de faits qui ne se ressemblent pas. Toutes les fois qu'il s'agit d'observer un phénomène naturel, surtout un phénomène périodique, la tâche de l'astronome devient aussi simple qu'elle est compliquée quand il s'agit de découvrir la cause qui produit le phénomène.

La marche des planètes et la marche des satellites sont sujettes, il est vrai, à de petites déviations de différents genres, mais tout est si admirablement prévu dans le mouvement général des corps célestes, et jusque dans leurs plus petites oscillations, que le monde planétaire est comparable à une immense horloge, réglée de main de maître, et qui ne se dérange jamais.

Les éclipses, d'ailleurs, ont ceci de remarquable que, dans une période de temps fort courte, environ *dix-neuf ans*, elles se reproduisent toujours dans le même ordre, à une faible différence près qui s'efface quand on réunit ensemble plusieurs périodes pour en former un cycle, voisin de six cents ans. Grâce à cette heureuse circonstance, les astronomes peuvent, par la comparaison d'un nombre considérable d'observations, faire disparaître peu à peu les anciennes inexactitudes et s'approcher toujours davantage de la vérité. C'est ainsi qu'ils arrivent à une précision qui paraît surprenante et qui leur donne un petit air de prophètes, qu'ils exploitent avec une grande habileté. Dans le bon vieux temps, ils prenaient ce rôle encore plus au sérieux, et ils s'en servaient au besoin pour asseoir leur domination sur les peuples et sur les rois.

Mais aujourd'hui le secret est éventé. Je suppose un honnête homme qui, ayant une de ces pendules qui ne se remontent que tous les trois mois, vous dirait : Dans 1,440 heures, plus 5 minutes, plus 12 secondes, plus 3 tierces, la petite aiguille sera sur ce point du cadran, et la grande aiguille sera sur cet autre point. Si, deux mois après, à l'heure dite, vous étiez témoin du fait, prendriez-vous cet homme pour un prophète? Non, vous le prendriez pour un professeur de mathématiques qui était sûr de sa montre, et vous ne seriez pas sans trouver un mot d'éloge pour l'artiste qui aurait fait un si bel ouvrage.

Eh bien! le monde planétaire est, de toutes les horloges, la mieux faite et la mieux réglée. La précision de sa marche est telle, qu'il n'y a pas besoin d'être un phénix pour prédire où seront les aiguilles dans dix ans, dans cent ans, dans mille ans, jusqu'au jour enfin où le grand artiste qui l'a mise en mouvement jugera convenable de l'arrêter.

Ainsi l'entendaient les peuples pasteurs qui, dès la plus haute antiquité, découvrirent la période de 19 ans que l'on retrouve chez les Chaldéens, chez les Indiens, chez les Chinois, chez les Égyptiens et même chez les Grecs. Ainsi l'entendaient les observateurs qui, dans les temps non moins reculés, découvrirent des périodes beaucoup plus longues, telles que la période sothiaque de 1,461 ans, usitée en Égypte et dans l'Inde, le cycle de 600 ans attribué aux patriarches par Joseph, et répandu chez les plus anciens peuples que l'on connaisse ; la période de 3,600 ans à laquelle les Babyloniens donnaient une origine antérieure au déluge, et la grande année de 24,000 ans des Indiens qui a tant de rapport avec la précession des équinoxes.

Ainsi doivent l'entendre nos savants eux-mêmes qui mettent à profit les découvertes de l'antiquité et qui utilisent la précision des instruments modernes pour faire disparaître peu à peu les petites inexacti-

tudes qui s'étaient glissées dans les observations pri-
mitives. Mais, tout en réclamant ce qui leur est dû,
les savants ne nous permettront-ils pas aussi de penser
un peu à l'artiste qui a fait la grande pendule sur le
cadran de laquelle ils sont parvenus à lire si couram-
ment. Cet artiste-là n'est pas sans quelque mérite,
non plus, car enfin il faut être juste envers tout le
monde. En supposant que les savants se fussent char-
gés de faire le travail à sa place, il est probable que
l'horloge n'irait pas tout à fait aussi bien, et alors
adieu les prophètes.

Même en laissant chacun dans son rôle et en accep-
tant les choses telles qu'elles sont, il importe de ne
pas oublier qu'autant il est facile de suivre le mouvement des aiguilles sur le cadran céleste, autant il
est difficile de deviner les moyens que l'auteur de ce
chef-d'œuvre emploie pour en faire mouvoir les différents ressorts. De là, deux ordres de faits dans la
science : les uns très-apparents et que les astronomes
constatent avec une grande précision; les autres,
beaucoup moins manifestes, donnant prise à l'erreur,
et que les astronomes interprètent quelquefois tout de
travers. Défions-nous donc de cette mauvaise tendance
qui pousse les savants à croire qu'ils ont raison en
toutes choses, parce qu'ils ont vraiment raison sur
certains points qui devaient naturellement être con-
nus les premiers. En un mot, ne faisons pas servir
les vérités acquises à la consolidation de toutes les

erreurs qui subsistent encore dans le domaine de l'intelligence. Avec un pareil système, le progrès deviendrait partout impossible, et en astronomie plus qu'ailleurs peut-être.

En effet, si nous jetons un coup d'œil sur l'histoire, que voyons-nous? Nous retrouvons toujours le même contraste dans les deux ordres de faits différents dont il vient d'être parlé, et toujours aussi la même tendance à soutenir que l'on ne peut pas se tromper sur les uns quand on ne se trompe pas sur les autres. A toutes les époques, c'est au nom des vérités acquises que l'on demande le maintien des erreurs qui sont condamnées à disparaître. Chez les Grecs, quels sont les hommes qui repoussent le plus vivement la découverte du mouvement de la terre et qui, s'appuyant sur leurs connaissances pratiques, considèrent comme une folie cette grande vérité enseignée par les philosophes de l'école de Pythagore et de Thalès? Ce sont surtout des astronomes et des géomètres, ce sont enfin des observateurs d'un mérite immense, tels que Timocharis, Aristille, Hipparque et Ptolémée. D'autres observateurs, il est vrai, d'autres mathématiciens, Philolaüs et Nicétas, par exemple, font tous leurs efforts pour ouvrir les yeux aux récalcitrants et pour justifier la théorie de Pythagore. Peine perdue! Est-ce qu'un homme d'une supériorité incontestable, comme Hipparque, et qui connaissait si bien tant de choses, pouvait ne pas savoir celle-là beaucoup

7

mieux que tous les novateurs les plus ingénieux?

Il y a plus, un autre astronome de l'école d'A-lexandrie, antérieur à Hipparque et plus grand que tous ses collègues, parce qu'il est à la fois philosophe et praticien, Aristarque de Samos, soutient que c'est la terre qui se meut et non pas le soleil. Il ne se borne pas à le soutenir d'une manière vague, il le démontre par les faits, il le prouve; car, vivement alarmés du succès de la nouvelle doctrine, les prêtres païens la condamnent publiquement comme impie et comme attentatoire au repos des dieux *Lares*. Ces dieux domestiques reposaient en paix au centre du globe terrestre, quand Aristarque de Samos, en faisant tourner la terre sur elle-même, vint tout à coup renverser la table autour de laquelle les joyeux compères passaient leur vie à rire, à boire et à s'engraisser. Les prêtres païens, qui en faisaient autant à la surface du globe, s'associèrent au mécontentement des dieux *Lares*, et ils frappèrent le sacrilége.

Condamné par l'église païenne, qui, celle-là, ne reviendra pas sur un premier jugement, accablé de persécutions, cet autre Galilée va-t-il être défendu, va-t-il être vengé par les astronomes praticiens et par les astronomes géomètres de son temps ou par ceux qui doivent bientôt les suivre? Non! aucun d'entre eux ne prendra parti pour la victime contre les bourreaux. Malgré l'opinion d'Aristarque de Samos, malgré l'autorité de ce grand observateur qui, le pre-

mier, avait su mesurer la distance de la lune à la
terre et se faire une idée des dimensions de l'univers, on verra Ptolémée, le plus savant des astronomes de l'école d'Alexandrie après Hipparque, se
prononcer en faveur de l'immobilité de la terre, et
son exemple sera suivi par tous les autres géomètres
de l'époque. A partir de ce moment, les dieux *Lares*
pourront retrouver le repos, et le triomphe de l'erreur sera assuré pour deux mille ans!

Déjà, avant l'existence de l'école d'Alexandrie,
Aristote avait suivi son penchant naturel pour les
gens du métier, et méconnu la doctrine de Pythagore.
Ne sachant plus à qui entendre, tous les plus beaux
esprits de l'antiquité étaient entraînés dans ce cou-
rant. Platon lui-même, quoique porté vers les idées
pythagoriciennes, n'osera pas se révolter ouvertement
contre l'autorité des astronomes. Il admettra que la
terre est le centre de l'univers jusqu'au jour où, s'é-
chappant par un détour sublime, il osera s'écrier :
Non, l'homme n'est pas un être assez vertueux pour
que je puisse croire plus longtemps que la sphère
qu'il habite ait été placée par Dieu au centre de
l'univers !

Et dans les temps modernes, même après Copernic, quels sont les hommes qui ont d'abord le plus
fortement nié le mouvement de la terre? Ce sont
encore des praticiens, des géomètres, et plus que
tout autre Tycho-Brahé, justement considéré comme

le plus habile de tous les observateurs. Sans Galilée, sans Képler, c'en était fait de la vérité, cette fois encore, et pour longtemps peut-être. Grâce à ces deux hommes de génie, le mouvement de la terre fut un point définitivement acquis et reconnu pour toujours. La grande horloge n'a pas changé, ni la marche de ses aiguilles non plus; mais l'homme, mieux éclairé sur la nature des mouvements réels et des mouvements apparents, a cessé d'être dupe de l'illusion de ses sens. Toujours est-il qu'avant d'en venir là, il a fallu des luttes terribles, et que, dans ces luttes, les astronomes et les géomètres de l'école alors dominante n'ont jamais manqué de se prononcer au début contre la vérité nouvelle qui devait ensuite devenir la base de l'enseignement, et être opposée plus tard comme un obstacle infranchissable à toute tentative de réforme ayant pour but de faire accomplir un pas de plus en avant.

L'énumération serait trop longue, s'il fallait rappeler ici toutes les circonstances dans lesquelles les savants de toutes les époques ont pris le parti de l'erreur contre la vérité. Cette disposition à nier systématiquement chaque chose qui n'est pas conforme à ce qu'ils pensent, est même un des traits distinctifs de leur nature; et malgré ce qu'elle a de choquant ou de ridicule, on doit convenir qu'elle n'est pas non plus sans quelques petits avantages. En disant toujours non à tout ce qu'on leur propose de nouveau, les sa-

vants sont sûrs que, s'ils se trompent, ce ne sera pas
du moins par excès de prudence : barrer quand même
le chemin, est une manière facile de ne laisser passer
aucune utopie nouvelle. De cette manière, il est vrai,
on court le risque de garder de son côté les anciennes
utopies, de n'éviter un genre de crédulité que pour
se fossiliser dans un autre, de remplacer la foi au
progrès par la croyance dans la routine, et de se mettre
au service de toutes les vieilles erreurs qui ont fait
leur temps. Mais qu'importe ? la vérité finit toujours
par faire son chemin, et il n'y a, dans ces conditions, que des individus de sacrifiés. C'est triste, sans
doute, mais ce n'est qu'un demi-mal en comparaison
de ce qui pourrait arriver sur cette terre, si les
hommes qui représentent le connu avaient assez de
puissance pour empêcher l'esprit humain de parvenir à la découverte de l'inconnu.

Le plus sage est donc de voir les savants tels qu'ils
sont, avec leurs qualités comme avec leurs défauts, et
lorsqu'il paraît un point de vue nouveau en contradiction avec ce qu'ils enseignent, de ne pas le re-
pousser uniquement pour cela.

Pour en revenir à notre sujet, est-il vrai, oui ou non,
qu'à l'époque de l'apogée il y a un moment où la lune
des savants ne doit tomber que de 1 millimètre en
1 seconde, et qu'à ce même moment la vitesse propre
qui anime la lune et qui la pousse droit devant elle,
est au moins de 600 mètres à la seconde ? Là est toute

toute la question. S'il en est ainsi, ni le mérite person-
nel des savants, ni la précision avec laquelle ils prédisent les éclipses n'empêcheront la lune scientifique
de se trouver entre deux forces contraires dont l'une
est *six cent mille fois* plus grande que l'autre, ce qui
est une position assez gênante, pour ne pas dire une
position ridicule. Or, ce sont les savants eux-mêmes
qui affirment que la lune ne tombe que de 1 millimètre dans la première seconde de sa chute, et nous
les mettons au défi de prouver que la lune, à la distance où ils la placent, puisse jamais parcourir moins
de 600 mètres à la seconde. Donc la lune des savants,
même dans l'hypothèse la plus favorable, est *six mille*
fois plus poussée que retenue.

Il est vrai que les savants, malgré la précision avec
laquelle ils prédisent les éclipses, n'ont jamais précisé
le moment où la lune ne tombe que de 1 millimètre
en 1 seconde. Suivant nous, ce moment doit être
celui de l'apogée, parce que c'est alors qu'étant le
plus éloignée la lune est le moins attirée, et qu'étant
le moins attirée, elle tombe de la plus petite hauteur
possible en 1 seconde. A ce compte, la lune des savants ne devra tomber que de 1 millimètre en 1 seconde, le 17 juillet de cette année. Mettons que ce ne
soit pas ce jour-là... ce sera un autre jour, que les savants n'auront pas de peine à désigner, eux qui prédisent si bien les éclipses. Quand les savants auront
fixé la date, oh ! alors, la question sera bientôt résolue.

En effet, le jour où la force attractive qui fait descendre la lune sera grande comme **1** millimètre, nous serons sûrs que la force impulsive qui pousse la lune en avant sera grande au moins comme **600** mètres. Cela étant, comme une force *six cent mille fois* plus faible ne peut pas dominer une force *six cent mille fois* plus forte, la lune, recouvrant enfin sa liberté, s'éloignera de nous pour ne plus revenir.

Donc, si la lune disparaît complétement du ciel le **17** du mois prochain ou tout autre jour qui sera indiqué par les astronomes, acceptez leur théorie comme vraie et leur science comme infaillible.

Mais si la lune, quoique *six cent mille fois* plus poussée que retenue, ne disparaît pas complétement du ciel le **17** du mois prochain ou à l'époque fixée par les savants; si la lune continue à nous accompagner dans notre voyage annuel autour du soleil, que faudra-t-il penser des savants?... Que... que rien n'égale la précision avec laquelle ils prédisent les éclipses.

Ce qui prouve que l'horloge céleste marque trop bien l'heure pour n'avoir pas été réglée par la main d'un savant qui en sait plus que tous les autres!

FIN.

TABLE DES MATIÈRES

Paris. — Typographie de Mᵐᵉ Vᵉ Dondey-Dupré, rue Saint-Louis, 46, au Marais.

eur :

UVELLE

ONOMES

OUVELLE

ACE LA MAISON DORÉE

se :

L IMPOSSIBLE

Mᵐᵉ Vᵉ DONDEY-DUPRÉ,
46, au Marais